习惯化大全：理想の

65种

种

微习惯

轻松掌控你的行为、思维和情绪

［日］古川武士 著

何俊山 何巴特 译

人民邮电出版社

北京

图书在版编目（CIP）数据

65种微习惯 ： 轻松掌控你的行为、思维和情绪 /
（日）古川武士著 ； 何俊山，何巴特译. -- 北京 ： 人民
邮电出版社，2022.1
ISBN 978-7-115-57602-6

Ⅰ. ①6… Ⅱ. ①古… ②何… ③何… Ⅲ. ①习惯性
－能力培养－通俗读物 Ⅳ. ①B842.6-49

中国版本图书馆CIP数据核字(2021)第210702号

内容提要

一个人有什么样的习惯，就会有什么样的人生。养成好习惯需要进行持久的积极性改变。在这一过程中，你真正要依靠的不是意志力和自控力，而是不用思考就直接去做的下意识行为。

本书提出了"习惯冰山模型"理论，认为在看得见的行为习惯下面还潜藏着思维习惯和情绪习惯，只有改变了"海面"下的隐性习惯才能改变行为习惯，进而改变我们的人生。作者总结了其多年来进行习惯塑造指导的实践经验，归纳了轻松调整习惯的65种方法，通过鲜活的案例阐明了如何解决生活中的"坚持不下去""不能付诸行动""戒不掉""改不了"等习惯难题。

优秀不是行为，而是一种习惯。本书适合想养成好习惯却始终找不到科学方法的人，教会他们用习惯重塑自我。

◆　　著　　[日] 古川武士
　　　译　　何俊山　何巴特
　　责任编辑　谢　明
　　责任印制　胡　南

◆ 人民邮电出版社出版发行　　北京市丰台区成寿寺路 11 号
　邮编 100164　 电子邮件 315@ptpress.com.cn
　网址 https://www.ptpress.com.cn
　临西县阅读时光印刷有限公司印刷

◆ 开本：880×1230　1/32
　印张：8.25　　　　　　　　　2022 年 1 月第 1 版
　字数：180 千字　　　　　　　2025 年 7 月河北第 33 次印刷
　著作权合同登记号　图字：01-2020-1598 号

定　价：59.80 元
读者服务热线：（010）81055656　印装质量热线：（010）81055316
反盗版热线：（010）81055315

有人每天都想早睡早起

有人每天都想提高英语成绩，实现在外企工作的梦想

养成好习惯，
创造你想要的人生！

有人每天都想摆脱焦虑和不安

在生活中，你是否遇到过这样的烦恼呢？

无论做什么事情，我都是"三分钟热度"，坚持不下去

我找不到自己真正想做的事，也改变不了现在的生活状态

我很想改变自己，却不愿意行动，到头来我还是那样一天天地混日子，没有任何长进

我们每个人或多或少都
有过这些烦恼吧。

而这一切都是你的
"习惯"所致。

其实，
每一天你都在重复成百
上千个微小的习惯。

因此，
要想"改变人生"，
必先"改变习惯"。

我们的思维很容易形成定式，
我们会在日常生活中重复某
种模式。

因此，改变习惯是一件很难
的事。

尽管如此，
也请你不要放弃。
因为，
人生 90% 的幸福是
由好的习惯决定的。

本书以行为、思维、情绪、环境这四个方面为切入点，介绍了 65 种调整习惯的方法。

让我们行动起来，掌握
养成好习惯的技巧，打造
你想要的品质生活吧！

烦恼 1

坚持不下去

比如，你想早起或减肥，却总是"三天打鱼，两天晒网"，坚持不下去。

千万不要把这些问题归咎于"性格使然"或"缺乏毅力"，只要掌握了微调习惯的技巧，就能事半功倍。

我坚持不下去

改变行为习惯
的 26 种方法

负能量满满

"我对自己没有信心。"
"我因为害怕失败而不敢行动。"
"一旦被批评我就会灰心丧气。"

如果你经常处于这种状态，就要转变思维方式了。
你要用更加乐观的心态把自己从负能量中解救出来，
这样你的心胸也会变得更加宽广。

改变思维习惯
的 18 种方法

我不行了

心烦意乱，没有满足感

"我很讨厌自己，总是感到有些不安、心烦意乱。"
"我看不到生命的意义和工作的价值。"

你是否也有过这样的烦恼呢？我想说的是，只要调整好自己的情绪，你的心就会沉静下来。让我们了解自己真正想要什么，从而找到自己真正想做的事情，实现自己的价值。

改变情绪习惯
的 15 种方法

我总感到有些
不安

从一年前开始，
我就处于踏步不前的状态

"我想快速成长起来。"

"我想彻底改变自己，却又总是畏惧困难、甘于现状。"

为什么你总是无法改变自己呢？因为你在潜意识中总是想要"安全、安心、安定"，对变化有抵触情绪。然而，"近朱者赤，近墨者黑"，环境对一个人的成长非常重要。只要你能够改变环境，就能够向自我成长的台阶迈进。

改变环境习惯
的 6 种方法

自己就这样下
去能行吗

我想跟你说

　　请大家先阅读序章，以便了解本书的整体结构。本书用四章分别关注有关习惯的四个不同的主题，你无论从第几章开始阅读都可以，也可以挑选自己特别关注的主题阅读。

　　当然，改变微习惯的 65 种方法不一定都适合你。你完全可以找到适合自己的几个方法去试试看，而不必掌握所有的方法。就像吃自助餐一样，你只要选择适合自己的那份"菜"即可。

　　我有一个期待，希望你能把这本书当作一本"习惯调整辞典"常备在身边。当你或你的家人想微调自己的习惯时，你们可以反复阅读并从中受到启发。

　　如果能够这样，我将感到非常荣幸。

行为习惯

思维习惯

情绪习惯

环境习惯

目录

掌控思维的 18 种微习惯
摆脱消极心态

第 2 章

掌控情绪的 15 种微习惯

找到自己想做的事情

第 3 章

有温度的习惯 … 154

世界因信念而改变 … 171

掌控环境的 6 种微习惯
改变一成不变的自己

第 4 章

为何我们很难改变自己的习惯

养成微习惯，成就更好的自己

不能养成微习惯的理由

　　"如果我们能够把想做的事情坚持下去，就能改变自己的人生。"我想大家对此都会表示赞同。可问题是，如果我们单纯依靠毅力强迫自己改变习惯，就会觉得生活得很痛苦，最终导致我们坚持不下去。因此，要想改变习惯，就要找出妨碍它发生改变的症结。

　　习惯包括两类，一类是看得见的外在习惯，另一类是看不见的潜藏在思维和情感深处的隐性习惯。我们可以观察下面的习惯冰山模型，从六个层面分析习惯的深层构造。

环境

行为

思维

情绪
观念
本质

内在

　　第一个层面是行为层面。在习惯冰山模型中，"不能付诸行动"坚持不下去"等表面现象就是暴露在"海面"上的习惯的第一个层面。具体而言，我们要想解决"不能坚持学英语""不能早起""戒不了酒"之类的问题，就可以从行为习惯这个层面思考有没有改变的技巧和方法。我将在第一章中为大家介绍26种改变行为习惯的技巧。然而，在更深层面依然存在着妨碍实现"习惯化"的因素。这就需要我们把目光转向习惯冰山模型的第二个层面。

第二个层面是思维层面。我们身边可能有这样一种人，他们在评价事物时比较极端——要么给 0 分，要么给 100 分。这样的人属于极端的完美主义者。有这种思维习惯的人在行动时会以取得 100 分为目标，因此他们做什么事都会感到很大的压力，行动就会变得迟缓。另外，他们如果在一两天内不能继续下去，就会陷入自我厌恶的情绪中，从而放弃努力。我建议这样的人可以试着改变一下思考问题的方式，避免完美主义，让自己快速行动起来。

第三个层面是情绪层面。就像行为和思维都有各种各样的模式一样，我们的情绪也同样如此。我把这种模式叫作"情绪习惯"。每次谈到习惯这个问题时，我都会强调我们要聚焦于内心的情绪。为什么这样说？这是因为对于快乐的事情，我们都能够继续做下去；对于痛苦的事情，我们则无法持续。那么，怎样做才能用好情绪的力量，将好习惯保持下去？如何才能改掉坏习惯？我们的生活是如何被情绪所驱使的呢？我建议大家可以先尝试分析一下自己的情绪类型。

　　第四个层面是观念层面。试想一下，是什么催生了情绪呢？用习惯冰山模型理论来解释的话，正是位于第四个层面的"观念"。例如，如果你有"我什么也做不好""我比别人差"这样的观念，那么占据你内心的情绪就是无力感、自我厌恶感和绝望。这种消极观念所带来的消极情绪会阻止你行动。相反，如果你有"我来做肯定行""我只要努力就会有结果"这种积极的观念，那么自我肯定感、希望、勇气等正面情绪就会油然而生，并且成为你行动的自驱力。

　　第五个层面是本质层面。位于习惯冰山模型最底层的是"本质"。我们每个人身上都有一种性格气质或自然欲求，即使我们的年龄有所增长，它也很难发生改变。正如俗话说的"三岁看老"，性格气质和自然欲求是与生俱来的，并且从根本上驱使着我们的行动和习惯。

　　在下面九种欲求中，对你来说最重要的有哪些？

- 追求完美。
- 同他人建立良好关系。
- 达成目标。
- 发挥独创性。
- 深思熟虑，做好充分准备。
- 有安全感。
- 有愉悦感。
- 感觉到自己的强大。

● 按照自己的节奏行动。

这九种欲求是人的九种"根本性欲求"，构成了人的欲求的核心部分。我们要成功地塑造微习惯，最大的秘诀就是要向自己的欲求"借力"。以学习英语为例，看重第二种欲求的人只要找到与自己合拍的老师或伙伴，就能体会到学习的快乐；看重第三种欲求的人也许在设定托业考试的目标时，就已经燃起了学习的热情；看重第五种欲求的人，则会大力搜集各种学习方法和教材，以便总结出对自己来说最有效的学习方法。

有的人也许觉得塑造习惯只与毅力有关，与欲求没有太大关系。他们总是无视自己的真实欲求，要么采用不适合自己的学习方法，要么照搬与自己不同性格的人的做法。但是，请别忘了，每个人都有自己的制胜方法，只有找到适合自己的方法，才能真正坚持下去。

第六个层面是环境层面。我们的行为、思维、情绪、观念等深受我们所处的生活环境的影响。例如，每家公司都有自己的企业文化，都有相应的价值观和行动规范，这些都会对我们产生强烈的影响。小时候，我们受到家庭和学校环境的影响；进入社会以后，我们更多地受到公司环境的影响。正如"近朱者赤，近墨者黑"所说，我曾经参加过面向社会人士召开的读书会，正是因为接触了日常生活中无法遇到的优秀的人，我才有了提升自己的想法和突破自我的勇气。

90% 的幸福都来自习惯

古希腊哲学家亚里士多德曾经说过："人生的目的就是获得幸福。"我就是一个非常关注幸福感的人。有的人一大早就去上班，晚上回来还要学习英语、锻炼身体。对于这种近乎完美的生活习惯，很少有人能坚持下去。退一万步讲，即使你能坚持做到这些，你也未必能够得到幸福。

在本书中，我想帮助大家通过塑造微习惯创造幸福的人生。

那么，到底什么是幸福？是成为有钱人吗？是出人头地吗？还是找到理想的结婚对象？我们很难给幸福下定义。虽然这个问题没有标准答案，但每个人都有自己的理解。下面，我将结合自己的理解，谈一谈积极心理学理论中的幸福公式。

我认为，所谓的积极心理学就是不把心理学视为治疗心理疾病的学问，而是把它用来丰富人的内心世界。积极心理学家提出了这样一个幸福公式。

$$H = S + C + V$$

幸福	固定值	生活状态	自发活动
（Happiness）	（Setpoint）	（Condition of Living）	（Voluntary Activities）
	⬇	⬇	⬇
	固定值	生活状态	自发活动
	40%	**10**%	**50**%

幸福公式

也就是说，幸福是由"固定值""生活状态"和"自发活动"这三个要素决定的。

1. 固定值（占 40%）：思维方式和认知方式

这是指在正常情况下的一种认识上的固定值，即自己能够感受到多大程度的幸福。即使遇到同样的事情，有的人会理解为自己遭遇了困境，有的人则认为机遇降临到了自己头上。据说，这种认识上的差异深深扎根于人的意识中，无论多久都很难发生改变，这在积极心理学中被解释为由于遗传而导致的难以改变的心理状态。但是，我认为这种固定值会因思维习惯的改变而改变。的确，我们受先天遗传和家庭环境的影响很大，但经过训练，完全可以在后天发生改变。总之，与其说我们40%的幸福被事实所左右，不如说取决于如何解释那些事实。

2. 生活状态（占 10%）：生活中发生的事情

根据这个理论，各种事情对幸福感的影响程度仅有 10%。例如，中彩票不会长期影响你的幸福感；相反，公司倒闭和摔了一跤等不幸事件也只是暂时使幸福感下降而已。决定人们幸福感的最终还是他们所拥有的世界观和人生观这些固定值。也就是说，以积极态度看待人生的人最终都会从不幸当中看到幸运的一面；以消极态度看待人生的人即使在幸福当中也会将注意力集中到恐惧和不安上。当然，因发生的事情有所不同，我们的情绪的确也会暂时上下波动，但不会长期影响幸福感。

3. 自发活动（占 50%）：能否按照自己的心愿生活

当我们被周围环境所左右或受情绪影响不能遵守约定、使自己处于失控状态时，我们的幸福感就会下降。在生活和工作中，不是"被迫做"，而是"主动做"——我们要像这样通过找回主体性、能动性、积极性让自己感到幸福。这一点对幸福感的影响程度竟然高达 50%。例如，早起之所以受到人们的重视，不是因为大家受公司上班时间的约束，而是因为如果按照自己规定的时间起床，就会有一种找回主体性的感觉。另外，从事自己喜欢的工作或从事有使命感的工作也十分重要。这是因为，如果产生了"我的人生可以由自己选择！而且我已经选择了自己想要的人生"这种感觉，你的幸福感就会陡增。你能切实感受到自己主宰自己的命运，这一点至关重要。

概括而言，幸福感各要素的占比分别为：固定值占 40%、生活状态占 10%、自发活动占 50%。我认为，固定值指的是思维习惯，而自发活动指的是行为习惯。也就是说，幸福感的 90% 来自习惯，这说明幸福与习惯有着密切的关系。

调整微习惯的关键在于调整好自己

大家听说过一则关于沉船的笑话吗？这则笑话简明扼要地说明了不同国家的国民性和价值观，大概内容是这样的。

一艘载有来自世界各国乘客的豪华游轮马上就要沉入大海，游轮上的救生艇不足以让全部乘客都能够逃生。于是，船长想动员剩下的乘客跳入大海逃生。他在对乘客表达此意时，充分考虑了不同国家的国民性。

他对美国乘客说："您如果跳下去就能成为英雄。"面对意大利乘客，他惊呼道："哎呀，大海里有个美女在游泳呢！"转向英国乘客，他说："所谓绅士就是在这种时候会跳进大海的人。"而面对德国乘客，他一脸严肃地说："这是规定，请您跳进大海。"最后剩下的是日本乘客，他对日本乘客说了句"大家都已经跳进大海了呀"，于是日本乘客立即跳进了大海。

这则笑话形象地说明了不同国家的国民做事情的动机不同，十分有趣。我们可以从中得到以下两个启示。

第一，这个例子说明在不同的文化背景下有不同的激励机制。不仅如此，其实我们每个人被激励的"点"都不尽相同。

第二，如果我们能够理解这个激励机制，那么只要稍微动动脑筋就能帮助他人提高干劲。例如，船长稍加改变说话方式，就可以激发出不同人的干劲。同样的道理，无论是早起、运动还是打扫卫生，我们都能想办法激发出自己的干劲。改变习惯是一件非常难的事情，但是只要我们愿意稍微动动脑筋，想办法"点燃"激情，事情不就变得简单了吗？

本书提倡的不是强迫自己提高干劲，而是找到调整好自己的方法。如果能够调整好自己，激情就能自然而然地迸发出来，这一点极为重要。

以早起为例，我们暂且不要考虑早起的方法和技巧，而要思考怎样才能做到心甘情愿地早起。

有的人靠坚持晨练养成了早起的习惯，但是并非所有人都能做到这一点；有的人如果知道第二天能吃上"网红"早点铺的早点，他就能做到早起；有的人则通过在 Facebook 上打卡并记录起床时间这种方式逼迫自己每天早起，从而获得某种心理上的愉悦。

有的人喜欢在阳台上放一把椅子，一边喝咖啡一边看报，他为了享受这种从容的感觉而早起；有的人很享受在安静的地铁车厢里读书，因此愿意早起；还有的人早起，是因为他亲身感受到早晨慢跑去上班可以让一天身心愉悦。

运动也是如此。并非所有人都适合在健身房的跑步机上慢跑。有的人要靠和家人一起跑才能坚持下去；有的人只打网球；

有的人则从不勉强自己，游泳时只游 15 分钟就停下来。而我本人喜欢练习空手道，一想到提高技能可以让自己变得强大，我就特别有干劲。

让我们换个角度来看这个问题。有的女生只要穿上好看的运动服就想出门跑步；有的女生喜欢和同伴一起跑步；有的女生为了挑战铁人三项世界锦标赛或马拉松而坚持跑步。

总之，你只要稍加开动脑筋，就可以让内心的激情燃烧起来。反过来讲，如果你懒得思考，就很难达成心中的目标。我曾经指导过很多人调整自己的习惯，根据我的经验，养成好习惯和促进人生向好的关键在于两点：第一，要学会做自己喜欢的事情；第二，要有勇气让自己不喜欢的事情停下来。

因此，我把本书的核心理念设定为"调整好自己"。"我做事有没有干劲？我要怎样调整才能让自己充满激情？"如果你这样问自己，就说明你已经在寻找答案了。

你真正需要的不是意志力和自控力，而是不用思考就直接去做的好习惯。我在书中罗列了多种行之有效的方法，希望大家能以行为、思维、情绪和环境这四大因素为切入点，去寻找适合自己的方法，塑造适合自己的好习惯。

第1章

掌控行为的 26 种微习惯

克服拖延症，
改掉半途而废的坏习惯

摆脱习惯引力

你有没有这样的烦恼呢？

不能坚持早起、不能坚持每天记日记、不能坚持每天打扫房间——无论做什么你都无法坚持下去；暴饮暴食、沉迷于网络——你怎么都戒不掉这些毛病；迟迟不想回复邮件、不想写报告——每当你处理这些令人心烦的事情时就会犯拖延症；你想尝试新事物，却因惧怕失败而不敢付诸行动。把以上这些概括起来，不就是生活中折磨人的坏习惯吗？

无法长期坚持（或戒不掉）：

- 早起（或熬夜）；

- 减肥（或暴饮暴食）；

- 收拾房间；

- 学习英语；

- 运动；

- 记日记、写博客。

拖延、不能付诸行动：

- 只要遇到讨厌的工作，你就会拖延；

- 只要碰到麻烦的事情，你就拖到最后一刻才着手处理；
- 对于第一次碰到的事情，你迟迟不肯动手做；
- 你已经定了理想和目标，却总是不能付诸行动；
- 对于未完成的工作，你经常置之不理、半途而废。

这些问题靠毅力是无法解决的，你要使用合适的方法好好地调整自己。不过，100 个人就有 100 种情况，所以很遗憾，我不能直接告诉你"这个方法对你来说正合适"，我能做的就是介绍一些方法，希望有些方法可以给你带来启发。

在此，我想简单地描述一下什么是习惯。为什么我们不能长久地坚持做一件事情呢？那是因为我们的大脑有一种机制，它为了保证安全而抵触新鲜事物，坚持维持现状。我把这种机制称为"习惯引力"。改变现有的习惯，养成一种新的习惯，这对大脑来说是一种"新的变化"。没有好习惯和坏习惯之分，大脑为了拼命抵抗变化，会让你陷入"三天打鱼，两天晒网"的状态。

当大脑持续运转一段时间以后，就会发出指令要"维持现状"，继续当下的某种行为。而某种行为之所以能够毫无阻挡地进行下去，就是因为大脑已经进入了"维持现状"的阶段。这就是被习惯化了的状态。一旦进入这种状态，我们就很难做出改变。

我们的生活就是由很多习惯碎片组成的。收拾东西、学习英语、写日记、攒钱等习惯一般需要一个月就可以形成；而与身体节奏有关的减肥、早起、戒烟等习惯则需要三个月才可以形成。

如果你真的想调整自己的习惯，最重要的一点是"你想要坚持"。让你提起干劲的是"糖果（快感）法"还是"鞭子（强制）法"呢？这需要你根据习惯的具体内容而定，你的性格也会对此产生很大的影响。

我自己大概适合使用"鞭子法"。我早晨到了公司后，会把自己当天的目标向周围人宣布。这样一来，我就没有退路了。此时，我整个人就会精神起来。相反，适合使用"糖果法"的人则会以获得奖赏的方式让自己提起干劲，如"如果我起得很早去上班的话就可以喝到公司咖啡厅里美味的咖啡""如果我减肥成功的话就可以买自己喜欢的衣服"。

在这一章中，我将介绍 26 种调整行为习惯的方法，希望你能从中找到适合自己的方法。

不是从"我应该做什么",而是从"我想做什么"开始做起

坚持自己喜欢的,
放弃自己不喜欢的

开心   不开心

  出乎我们的意料,在培养习惯的过程中,"是否开心"这一点常常被我们所忽视,所以我想把它放在第一位来讲。

  我们常听说:"即使痛苦,我们也要靠毅力坚持下去,这才

是美德。"可是我想说，我们要从这种观点中解放出来。

在持有上述观点的人看来，边享受边做事会让他们觉得心里不够踏实，但我认为强迫自己做不开心的事情是很难长久的。单靠毅力并不能从根本上解决这个问题。

我们都是有感情的，坚持自己喜欢的、放弃自己不喜欢的是人之常情。例如，我每次去健身房锻炼身体，都想不到要用跑步机来锻炼，因为我不喜欢在跑步机上跑步。但是，我喜欢去健身房游泳，这是我的一个乐趣。

如果考虑脂肪消耗多少的问题，在短期内跑步的效果可能比游泳更好。虽说如此，我也没有咬牙坚持跑步，而是选择了能让自己感受到快乐的游泳。我有可能坚持跑几周就会放弃，所以从长远来看，还是游泳的效果更佳。

如果你打算从今天开始健身，那么我的建议是：不管是打网球、练瑜伽，还是打乒乓球、健步走，请选择能让自己开心的项目。如果不优先考虑情绪因素，而是把健身习惯当成任务来约束自己，你就会感到精神疲劳。所以请记住，不要从"应该做什么"开始，而要从"想做什么"开始。

Q: 怎样才能享受现在要做的事，以及要继续做下去的事呢？

あなたへの質問

A: 如果你试着从看一部英文原声电影开始，那么你会发现学习英语也很有趣

对于打网球这项运动，我还是可以坚持下去的

行为习惯

思维习惯

情绪习惯

环境习惯

SWITCH 1

"婴儿学步式"习惯养成法：慢慢来

最难的是"迈出第一步"

不用突然 5 点钟就起床，
只要比之前早起 15 分钟即可

不用刻意拼命减肥，
先把午饭的饭量减半再说

　　我有一个朋友每天都写日记，一直坚持了 10 年。我问他坚持的秘诀是什么，他给我的答案是：他从不勉强自己写得很长，哪怕写一行也可以，关键是他每天都写。

　　这种"婴儿学步式"的做法才是行动和坚持的精髓。所谓"婴儿学步式"的做法，就是当你开始做一件事的时候，要像婴儿学走路那样迈出一小步。

你有没有过这样的经历？在开始行动之前，你的心情很沉重。可是，一旦你迈出了第一步，做事情的干劲就会上来，你就能不断向前迈进了。

也就是说，我们把"0"变成"1"需要巨大的能量，而把"1"变成"2"，甚至是"3"，则并不需要花费那么大的力气。这说明我们在开始行动时是最需要动力的。

不能坚持长久的人几乎都是完美主义者。正因如此，他们不会想到可以只写一行日记，而是认为"既然已经写了，不好好写就没有意义"，于是给自己设置了很多障碍。正是你无意中为自己设置的那个障碍导致你不能立刻行动起来，或者不能一直坚持下去。而从"婴儿学步"开始养成好习惯是聪明人的做法，这样做能够很好地改善你的拖延症，消除不能坚持下去、迟迟不能付诸行动这些烦恼。

"婴儿学步式"习惯养成法：

- 慢跑→健步走；
- 减肥→把午饭的饭量减半；
- 收拾房间→只收拾 5 分钟，或者只打扫卫生间；
- 戒酒→平时喝 3 杯啤酒，现在只喝 2 杯半；
- 早晨 5 点钟起床→比以前早起 15 分钟。

行为习惯

思维习惯

情绪习惯

环境习惯

SWITCH 2

Q: 你想怎样实践"婴儿学步式"习惯养成法？

A:

从坚持每天换洗衣服开始养成讲卫生的习惯

从坚持每天做 5 个俯卧撑开始养成健身的习惯

先尝试再改变

多尝试几种做法，选择适合自己的

尝试在早晨跑步　　　　　尝试在夜晚跑步

　　从感情层面来讲，只有符合自己意愿的做法，你才能够毫不费力地坚持下去。你只有实际尝试去做一件事，才会清楚自己到底喜不喜欢。例如，你想坚持每天运动，那就要先去尝试，慢跑也好打网球也好，只有尝试了，你才能了解自己喜欢什么运动。这样一来，你的身体反应和心理感受会给你一些反馈，如"慢跑让我觉得特别开心""打网球并没有我想象的那么有趣"。

当你不知道到底是早晨跑步好还是晚上跑步好的时候，你可以在两个时间段都去试一试。喜欢早晨运动的人会得出这样的结论："早晨很安静，早晨跑步还可以让我呼吸到清新的空气，因此早晨跑步好。"相反，喜欢晚上运动的人会说出晚上跑步的好处："晚上跑步可以消除我一天的焦虑情绪，打消我的不安，缓解工作压力，为一天的生活画上一个圆满的句号。"而我想说的是，关于这个问题没有标准答案，只要能让自己身心愉悦就可以了。

你也可以用这种先尝试再改变的方法塑造习惯。例如，每天早晨设置 15 分钟的时间不看手机信息（尝试坚持一周），停止召开不必要的例会（尝试坚持两周），每天 22 点之后不看手机（尝试坚持三天），每天按时下班（尝试坚持三天）。我建议你就按照这种节奏进行尝试。

如果你惧怕因突然改掉某些习惯而产生心理压力，那么你可以尝试一点一点地去改变。如果在改变过程中出现了问题，你还可以回到原来的状态。所以，请大胆去尝试，觉得可行的话，你就可以彻底做出改变。

当你有了"既然决定做就必须一直做下去""既然决定改掉就必须立即改掉"这种"责任感"时，就会感受到压力。我的建议是：对于合适的方法你就去坚持，对于不合适的方法你就果断舍弃，慢慢调整自己的习惯。

Q: 你打算养成什么好习惯？你打算戒掉什么坏习惯？

A:

这个周末去体验一次网球课吧

每天按时下班，戒掉低效加班（坚持三天）

行为习惯

思维习惯

情绪习惯

环境习惯

SWITCH 3

预先设定"例外规则"，遇到突发状况时可以灵活处理

如果你今天加班、没抽出时间学英语，你在地铁上背几个英语单词就足够了

当你没有精神的时候，只读一页书也很好

"我要每天学英语一个小时。""我要每天早晨五点起床。""我要每天跑步 30 分钟。"

即使像这样下了决心，坚持一个月也是极其困难的事情。例

如，你决定每天学习英语一个小时，可是今天有突发状况，你要加班，完全没时间安排别的事情。"被上司骂了心情不好""睡眠不足，什么也不想做""参加聚会喝多了，无法集中精力学习"之类的突发事件随时都有可能发生。

生活中有很多突发事件，它们会影响习惯的养成。日子久了，你就会产生一种无力感，甚至会自我厌恶。最后，你就没有了干劲，取而代之的是深深的挫败感。为了防患于未然，请你提前设置"例外规则"，用于应对特殊情况。

例如，当你心情不好或感到疲劳的时候，你可以把今天的学习任务减半。

"例外规则"是一种灵活对策。设定"例外规则"不是为了自我放松，而是为了让自己坚持下去。

对于凡事追求完美的人而言，如果他做不到完美，就会极端地认为"和没做一样"，这样的人就非常适合设定"例外规则"。塑造微习惯的关键在于步入正轨之前不能让行动归零。如果行动归零了，你就很难再次开始。所以，当你感到疲劳或安排得太满时，更要灵活运用"例外规则"。你可以这样想："今天我至少做了一点，而不是零！"

行为习惯

思维习惯

情绪习惯

环境习惯

SWITCH 4

27

Q: 在你坚持习惯的过程中，发生过什么样的特殊情况呢？你设置了哪些"例外规则"呢？

あなたへの質問

A:

当我感到疲劳的时候，我不必坚持跑 1 个小时，只要走 15 分钟就行

昨晚我加班了。第二天早晨我不一定非得 5 点起床，能做到 7 点起床就行

给自己一套"顶配"

准备好提高干劲的工具，让自己进入状态

我想买一套漂亮的运动服，
这样跑步时就开心多了

我想买一个高级高尔夫球杆，
提高一下自己的干劲

　　有很多人会说："我是一个注重仪式感的人。"这绝不是什么坏事。为了养成微习惯，我们也可以通过制造仪式感来提高积极性。有一位女士为了做到每天跑步，买了一套昂贵的运动服。她认为这样做对健康有好处，还可以让自己在别人面前看起来"美美的"。她一这样想，就有了动力。

很多打高尔夫球的人通过买整套价格昂贵的专业球杆和服装来提高积极性。这样一来，他们就想掌握与高品质装备相匹配的技术，于是就会更加努力地练习。很多人在读书时，如果事先准备好高级笔记本和钢笔，就更愿意拿出来记笔记，自然而然就养成了做读书笔记的习惯。

我在 20 多岁的时候曾在培训班学习绘画。当时，我买齐了画架、画板、水彩和素描用的铅笔，竟然觉得自己快成了画家了，每次去培训班都非常积极，试图掌握与这套豪华画具相匹配的绘画技巧。

如果你也像我一样，买了高级装备就会有干劲，请务必试一试。在塑造微习惯的过程中，我已经尝到了注重仪式感的甜头。

Q: 什么样的仪式感会让你觉得有干劲呢？

A:

あなたへの質問

配备一套自己喜欢的工具

买一套漂亮的运动服

"抱团式"习惯养成法：不孤单

如果能够找到一个合作伙伴，就可以愉快地坚持下去

两个人在一起锻炼时可以
交谈，你就不会感到无聊

找一个比你还热爱健身的
伙伴，你就能坚持下去

　　有的人适合"抱团"培养好习惯。我的父母每天一起散步半小时，已经坚持了 20 多年。他们说："正是因为一起散步，我俩才能坚持到今天。"其实，那半小时不仅是他们一起散步的时间，还是他们讨论健康、谈论孩子的时间，这就是他们继续走下去的理由。

我有一个朋友创办了一个专门分析家庭日常开支情况的协会。虽说个人也能够完成记账这样的工作，可是对家庭日常开支情况进行分析却是一件很难的事情。于是，有着相同烦恼的人们带着自家的日常开支明细表，每月的月末都聚集在一起分析账目。

据说，他们参加这个协会并非为了向别人请教，而是为了感受好的氛围。大家因为同一个目的而坐在那里分析账目，在这种氛围下自己也会进入深度思考的状态，改善家庭日常开支分配的想法就油然而生了。

为取得某种资格而进行的学习也是一样的。与其自己一个人默默地闷在家里学习，不如去培训班，与那些有同样热情的伙伴一起学习，这样你就能够感受到学习的动力，从而提高自己的积极性。

我们每个人都会受到周围人的影响，所以当我们想做某件事的时候，最好邀请别人和自己一起做，或者直接参加某个机构。我们与他人一起做时就会感受到干事的激情，也比较容易坚持下去。

Q: 你是怎样"抱团"养成好习惯的?

A:

あなたへの質問

我每周三和朋友一起跑步

我参加了晨练俱乐部,后来我发现自己每天都能早起

行为习惯

思维习惯

情绪习惯

环境习惯

SWITCH 6

向有经验的人请教，倾听别人的实践经验，模仿好的做法

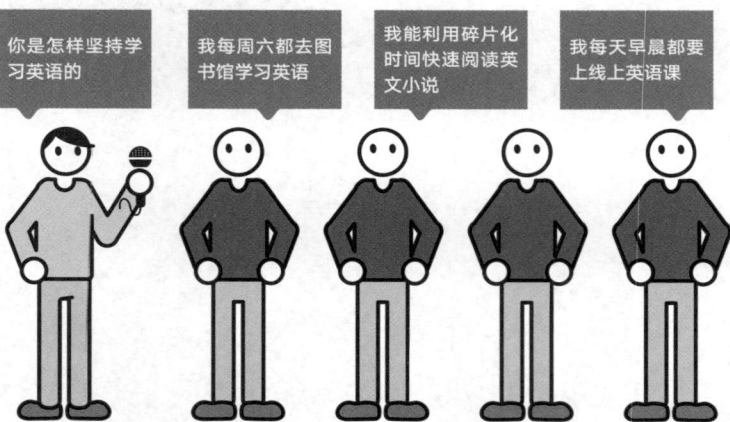

> 你是怎样坚持学习英语的

> 我每周六都去图书馆学习英语

> 我能利用碎片化时间快速阅读英文小说

> 我每天早晨都要上线上英语课

　　我发现让自己愉快地坚持下去的秘诀通常来自他人的建议。例如，你想坚持学习英语的话，就可以向正在坚持学习英语的人请教，询问他们是怎样坚持的。我想，每个人都有自己的方法。

　　A 同学：我每周六都会去图书馆学习英语。

B 同学：我只是在上下班的路上随便听听英语音频，快速学习。

C 同学：每天早晨我都会在线上学习英语会话课程，还可以做到早起，真是一举两得。

D 同学：我以在托业考试中取得 800 分为目标努力学习英语。

E 同学：每个周末我都创造和孩子一起学习英语的机会。

F 同学：我把 TED 演讲当作英语学习教材，每天收看一场。

听到这些信息，你不必考虑正确与否，只需要选择性地去尝试，最终找到能让自己产生兴趣的方法就可以了。

总之，各人有各人的生存之道，每个人都有一套适合自己的做事方法，如怎么管理时间、回复邮件、做提案、向领导汇报工作等。我们可以多向周围的人请教，多尝试几次，最终找到适合自己的方法。

在塑造微习惯的过程中，我觉得"模仿"是一条捷径。我几乎每次打算养成一个习惯，都要向周围的人请教。我发现这样做可以让我提高对养成微习惯的认知。当我充分了解了不同人的实践方法时，视野就打开了。不过，如果你觉得直接向他人提问有难处，那么利用网络查询也不失为一个好方法。

我们可以通过浏览网页获得更多的信息，看着看着我们就会发现"这个方法也很适合我啊"，看得多了总会有所启发，而只有适合自己，我们才更容易坚持下去。

Q: **你有没有向别人请教过怎样养成一个具体的好习惯？**

A:

我曾问过我的朋友他用什么样的笔记本做笔记，我想买来试试看

我曾向同事请教如何确认和回复邮件

"胡萝卜"习惯养成法：给自己一个奖励

分阶段进行，犒劳自己，把握节奏

完成这个大项目后，
我想去旅行

完成这项工作后，
我想看 15 分钟的闲书

我努力一整天了，
下班后去酒吧喝一杯，
放松一下吧

我们可以试试这个做法：为了保持上升的热情，给自己准备一份奖品。这个做法虽然看起来很普通，但是很有效果。

如果你要完成的事情需要花费很大的力气或难度很大，那么悬挂一根"胡萝卜"也是有效果的。当然，要具体情况具体分析，有时你只需要稍微奖励一下自己，有时则需要给自己一个大大的奖励。总之，你可以进行各种尝试。

我想在此举一些简单的例子。

- 慢跑之后我可以洗个热水澡，还可以喝一杯啤酒。
- 如果我能早起，就可以悠闲地一边喝咖啡一边看报纸。
- 如果我能高效完成工作、早点下班，就可以去看电影了。

当你的工作进入繁忙期，特别是在你常常加班到深夜、每天都非常辛苦的情况下，"熬过这段时间，我就可以休息两天，去栃木县的鬼怒川温泉泡泡澡"——你可以像这样对自己做一些心理暗示，想着奖励一下自己，也许就会感到豁然开朗。

当然，每天给自己一些小的奖励也是很有效果的。例如，"泡上一壶红茶""吃些小点心""听一首喜欢的曲子放松一下"都很不错。

我平时在写作时有一个小习惯：如果我已经集中精力 90 分钟了，就休息一下，阅读 15 分钟自己喜欢的书。我这样做既可以保持写作的习惯，又可以转换心情，为之后的写作积蓄精力。虽然通过浏览网页转换心情也是一种方法，但是这样容易让人着迷，影响我之后的写作进度。而且，对我个人来说，看书是最好的奖励。另外，为了犒劳努力了一天的自己，我会在晚上允许自己看一集历史题材的电视剧。学习历史有益于写作，我看完电视之后也会感到十分放松。

虽然这些都是微不足道的奖励，但是能让自己保持努力的习惯。所以，请你利用各种机会犒劳自己，从而更好地保持塑造微习惯的积极性。

Q: **什么样的奖赏会成为你坚持下去的动力呢？**

A:

あなたへの質問

我会在慢跑之后喝一杯啤酒

我会在晚上看一会儿电视，犒劳努力了一天的自己

行为习惯

思维习惯

情绪习惯

环境习惯

SWITCH 8

39

"马克笔"习惯养成法：记录你的成就感

量化你的业绩和努力，提高积极性

今天我以每小时 6 千米的速度跑了 10 千米

今天的工作我完成了 120%

我这周学英语没有偷懒

　　通过记录成绩提高积极性，让自己坚持下去——你有过这样的体验吗？

　　小时候，我在暑假里每天都去社区活动场地做广播操，因此得到了社区的奖励。每天去做广播操这件事对当时还是小孩子的我来说是一种很痛苦的经历。虽然我讨厌去做广播操，但是工作人员每天都会在我的出勤卡上盖章并说道："这孩子每天都坚持来做操，可真棒！"于是，我在不知不觉中就有了坚持下去的愿望。

<u>每天都能准时打卡、不留空白，这种成就感会成为一种积极性。</u>

我记得小时候如果上学"全勤"的话，就能够得到点心之类的奖品，但更重要的是"今天我也做到了"——这种不断积累的成就感会让我变得更积极。

同样的道理，有的人一旦把努力量化之后，就可以进一步提高干劲。

人们之所以说计步器对坚持健步走有好处，是因为计步器可以通过数据显示出自己的努力。努力一旦被数据化，"我可以再努力一些"这样的干劲就会涌上来。

例如，跑步的时候，你如果带上运动手表，就知道自己用多少分钟跑了 1000 米，脂肪消耗的情况是怎样的。这些小事都可以支撑自己继续跑下去。

最近出现了综合评价睡眠时间和睡眠质量的手表。有了这种测量"睡眠分数"的手表，你就可以知道今天的得分为 83 分，昨天的得分为 50 分。当你了解到自己大部分时间都处于浅睡眠状态时，就会想着去改善，例如，改掉临睡前喝酒的习惯、让运动取而代之，比平时早 30 分钟睡觉、增加睡眠时间，等等。

像这样，我们只要通过做记录和将成绩数据化，就能提高自己的积极性。这种方法很好用，请你务必试一试。

行为习惯

思维习惯

情绪习惯

环境习惯

Q: 你怎样做记录才能有干劲？

A:

做标记：我会编制记录卡，在已经完成的事情前面画"○"

数据化：我用手机记录每天跑步的距离和时间

"朋友圈"习惯养成法:"晒一晒"你的努力

得到大家的表扬也能提高积极性

我每天都打扫卫生,
妻子夸奖了我

跑完半程马拉松,朋友们
都夸我:"你好厉害!"

我在一年内读完了 100 本电
子书,被很多网友"点赞"

A 先生每天早晨慢跑后，都会从手机中调出跑步记录，发布在 Facebook 上。

他说这样做可以掌握自己跑步的节奏，更重要的是，他想通过"晒运动"的方式得到朋友们以及和自己一样在慢跑的伙伴们的赞扬，这样就能提高他继续跑下去的积极性。

- 今天你也很早就起来跑步了啊！

- 早晨空气清新，你的心情也很好啊！

- 我也和你一样坚持跑下来了！

当 A 先生看到伙伴们这些不经意的评价时，他倍感欣慰。后来，他上传了跑步时拍摄的风景照片，收到了很多"赞"，于是他每天都会去想发布什么照片比较好，这也成了他的一种乐趣。

"想被别人表扬，想得到别人的认可"，这种想法是人类的根本需求。

被别人认可、得到别人的夸奖、听到别人说自己厉害……这些满足感会提高我们行动的积极性，可以成为我们行动的小目标。

对于每天的一点进步，如果你不擅长自己表扬自己，那么不妨试试"晒"出来，让别人给你真诚地"点个赞"。

Q: 你得到谁的夸奖时会特别有干劲呢？

あなたへの質問

A: 我如果每天早起，并在手机上打卡，就会得到小程序给我的"早起全勤奖"

我终于戒了酒，妻子特别开心，好好地夸奖了我

行为习惯

思维习惯

情绪习惯

环境习惯

SWITCH 10

提高干劲的小装备

请使用一些能够提高积极性的小装备吧

注意力下降时，你可以一边听
窗外自然界的声音一边工作

买一双舒适的拖鞋和一个靠
垫，为自己创造一个舒适的
工作环境

在重要的日子里，我会穿上
能带给我力量的正装

　　我在编写资料时，总是习惯把计时器设定好，给自己规定好时间，以便积极地投入工作。我在写作和完成策划案时也这么干。我是一个只要细分时间就能集中注意力工作的人，而让我能够集中注意力的装备就是计时器。

　　另外，现在大家都在使用运动手表，毫无疑问，这种手表因为能帮我们塑造微习惯而受到大家的青睐。

　　我的手表很酷，虽然不是专业运动手表，却有很多功能。这块手表可以自动记录运动和睡眠情况，又兼具闹钟提醒、手机短信通知等功能，非常好用。它还可以震动，早上把我喊醒时也不会打扰家人。

　　"到了办公室换一双舒服的拖鞋""把椅子的靠背弄得软绵绵的""买一支喜欢的笔，把灵感记录下来"……仅是在自己随手用的物品上动动脑筋，我们就可以提高干劲、坚持下去。

　　除此之外，你也可以尝试下面的方法。

- 将台式计算机垫高，让计算机屏幕与你的视线平行，这样你就不会再有肩膀酸痛的感觉了，坐姿也会大大得到改善。
- 把琐碎的灵感写在一张 A4 纸上，这样你可能会有更多好的想法。
- 将带叶子的观赏性植物放在办公桌上，这样你就可以缓解工作疲劳。
- 使用便笺，这样你就可以清楚地安排工作的先后顺序。

行为习惯

思维习惯

掌控习惯

环境习惯

SWITCH 11

● 一边听窗外自然界的声音一边工作，这样你就能集中注意力。

如果你能活用这些小装备，就能改善工作环境，工作时也能高度集中注意力。

Q: **你提高干劲的小装备是什么？**

A:

为了集中注意力，我在工作时使用计时器

我将每天的目标写在一个好看的本子上，出门时经常带着它

把时间节点编入计划

一旦把时间节点确定下来，就很容易形成习惯

每天早晨上班前在楼下的
咖啡厅里学习 30 分钟

吃完午饭后，向领导
汇报上午的工作

在下班回家的地铁上，制订
第二天的工作计划

行为习惯

思考习惯

情绪习惯

环境习惯

我发现，"决定什么时候做"这件事能让我们的行动力大大提高。

在关于积极性的研究中，有一种方法叫作"制订带附加条件的计划"（If-Then Planning）。简单地说，就是我们可以通过明确"什么时候开始做""做到什么时候为止"等行动时间节点，提高行动力。

假如你接到领导的指示，每周都要按下面两种方式提交报告，那么你想用哪种方法呢？

- 每周按时提交报告。
- 每周五 16 点之前提交报告。

我认为第二种方法更容易执行，因为这种方法设置了更明确的行动时间节点，这就会使我们的大脑接收的信息更加具体形象。

研究结果证明，很多人都通过制订带附加条件的计划，使行动力提高了 300%。

我认识一位经理，他有一段时间觉得有必要加强与下属的沟通，却因为太忙而无法做到。他最后决定每天早会后和下属谈话5 分钟。就这样，他轻松实现了自己设定的目标。

我们在日常生活中寻找时机塑造微习惯时，可以考虑使用这种方法。例如，我们可以加上这样的条件："早晨起床后""走路时""坐在办公桌前等待电脑启动时""吃午饭时""洗澡时""入睡前"等。如果把"在哪里做"这一点也加入计划，你就更加容易行动了。

- 早晨在公司附近的咖啡厅里学习英语 30 分钟。
- 每天下班后在回家的地铁上花 30 分钟做第二天的工作计划。
- 开会前在休息室里花 10 分钟整理思路。

如果我们能像这样把时间节点编入计划，就可以有效地提高行动力和持续力。

Q: 你给自己设定的时间节点都有哪些？
A:

あなたへの質問

早会后我会和团队成员沟通 5 分钟

洗完澡后我会在床上躺着放松 10 分钟

行为习惯

思维习惯

情绪习惯

环境习惯

SWITCH 12

51

方法 13

向大家宣布，断绝自己的后路

当你告诉所有人你的目标后，就意味着你真的要这样做了

我要在托业考试中拿到 800 分

我要每天早晨 8 点到公司上班

我要戒烟

"与他人的约定"和"与自己的约定"，你会把哪个放在第一位呢？

对于这个问题，可能有 **90%** 的人都会回答："当然是与他人的约定了！"

这是一种诚实的回答，因为谁都不愿意被别人讨厌，更不愿

意被别人当成说话不算话的人。

　　几乎每个人都希望给别人留下好印象，"向大家宣布"利用的就是这种心理。

　　以前，我为了坚持早晨 7 点到公司上班，每天都会拍下公司时钟的照片，然后上传到自己的 SNS 上。如果有一天我来晚了，我就会觉得很不好意思。

　　我靠着这种压力从想熬夜的念头中逃离出来，亲手碾碎了睡懒觉这个恶魔。

　　我在 15 年前准备戒烟时，特意在部门全体人员聚餐时宣布了这一决定，断了自己的后路。我还记得当时有人说"你小子绝对不可能戒烟"，听到此话，我越发坚定了戒烟的决心，最终成功地戒了烟。

　　有人习惯将每日的工作计划和下班预定离开公司的时间以邮件的形式向领导汇报，以此营造高效工作的紧张氛围。

　　有人向同事宣布，自己要坚持学习英语，在半年内取得 800 分的托业考试成绩，后来他果然坚持了下来。

　　"向大家宣布"这个方法可能对有的人来说没有效果，但是很多人通过这种与他人约定的方式，形成了强大的自我约束力，推动自己不断向前。

行为习惯

思维习惯

情绪习惯

环境习惯

SWITCH 13

あなたへの質問

Q: 你想向谁宣布目标从而断绝自己的后路呢？

A:

我想向领导保证，每天早晨 8 点到公司上班

我想在公司宣布自己从今天开始戒烟

设定一个"激情目标"

如果你厌倦了按部就班，就设定一个带劲的目标吧

想做成大事的人，即成功欲十分强烈的人，会设定一个能让自己充满干劲的"激情目标"，这是这类人坚持完成目标的关键。

以运动为例，对有的人来说，如果只是设定"每天跑30分钟"这样一个常规目标，他就不会迸发出激情；但如果设定"跑完马拉松全程""参加铁人三项世界锦标赛"这样带有刺激性的目标，他就会一下子进入状态。

我为了让自己养成运动的习惯，决定报名参加极真空手道比赛。这样一来，我马上燃起了激情，准备大干一场。在身体碰撞频率较高的极真空手道训练中，我如果平时不能很好地进行体能训练和肌肉训练，就很容易受伤而无法参加比赛。为此，我每天都会坚持训练。

我的感受是，能不能实现锻炼目标并不重要，重要的是让自己产生干劲。不过，我想提醒大家一点：不要奢望"速成"。

有这样一类人，他们做事情往往以发射火箭的劲头开始，却很容易在短时间内减速。所以，我建议大家要把远大目标落实到平日的行动上，慢慢地改变，养成微习惯。

在习惯的形成过程中，我们每个人都有"继续下去的按键"，重要的是要发现它。

Q: 能提高你积极性的"激情目标"是什么？

A:

半年后我要跑完马拉松全程

我要在 3 个月后的托业考试中拿到 800 分

"年卡式"习惯养成法：要是"不想吃亏"，就坚持下去

因为我提前投资了，所以就算为了挣回本钱也要努力

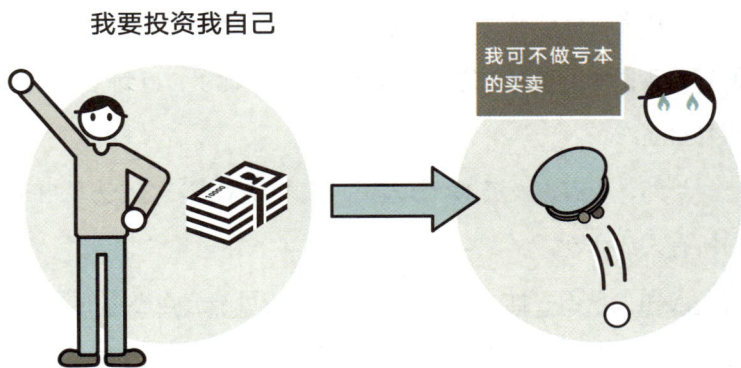

我要投资我自己

我可不做亏本的买卖

"不想吃亏"是普通人常有的心理。当你投资了金钱之后，要想不吃亏，就要拿出成果来。

我们即使下定了做某件事的决心，有时也依然不能长期坚持下去。有的人就想到了一个好办法：提前投资。他会这样想："我已经把钱投进去了，所以只有坚持下去了。"类似的方法还有

以下这些：

- 我花了 10 万日元买了全套英语教材；
- 我申请了一个培训课程，交了一年的学费；
- 我和健身私教签订了半年的合同。

25 岁时，我为了提高自己解决问题的能力，果断地拿出 20 万日元买了一套教人们如何解决问题的线上课程。

其实，这 20 万日元是我上一年的年终奖。为了"不吃亏"，我拼命地学习。这个课程要求学员必须在半年内学完，否则就不给学员颁发资格证书，因此我越发地努力。确实，在那半年的时间里，我把晚上和周末的时间全部都用来上课了，直到今天还觉得受益匪浅。

当然，也有人投资了金钱却并没有坚持下来。这个方法并非对所有人都有效。

人和人是不一样的，花费精力和金钱可能会点燃你的激情，但也可能成为你的一种负担，影响你的心情，所以要不要这样做，还请你听从自己的内心。

Q: 为了提高积极性，你是怎样给自己投资的？

A:

我为了学习英语，花了 10 万日元买教材

我在健身中心办了一张年卡

"爱豆式"习惯养成法：我想成为那样的人

憧憬会让你的理想保持热度

真酷！我也想像他那样讲话

　　"我想成为那样的人"，这样的憧憬会变成你坚持下去的动力。我认识一位喜欢在博客上创作的博主，他因为坚持跑步从一位普通白领变成了一位流量博主。我的一位学员 N 同学对他的博客文章产生了共鸣，于是像他一样一年 365 天不间断地坚持跑步。

　　"如果我像他一样不停地跑下去，也会改变人生。"正因为 N 同学有这样一种强烈的憧憬，他才能坚持跑步长达 3 年之久，如今依然在坚持。

　　N 同学把每天坚持跑步当作自己的必修课，跑着跑着，他就感到精神压力逐步减轻，形象也得到了改善。就这样，从憧憬到付诸行动，慢跑逐渐成了他的一种生活习惯，让他觉得很有成就感。

- 我也想要像 × × 那样有个好身材！→请坚持锻炼身体。
- 我也想像 × × 那样讲一口流利的英语！→请拼命学英语。
- 我要是能像 × × 那样在众人面前发表精彩的演讲该有多好啊！→请开始做演讲练习。

　　其实，我们每个人都有羡慕别人的时候，而这种羡慕心理会点燃你的热情，成为你坚持下去的精神食粮。

Q: 你有没有羡慕的人？

A:

我也想像脱口秀演员那样发表幽默风趣的演讲

我想成为像武田真治那样"酷酷的"男人

あなたへの質問

行为习惯

思维习惯

情绪习惯

环境习惯

SWITCH 16

"一刻钟"习惯养成法：起床后的黄金 1 小时

如果有一个好的开始，你就可以顺利地投入工作

我习惯在早晨
花 15 分钟打扫房间

我习惯在早晨
花 15 分钟制订计划

我习惯在早晨
花 15 分钟读书

我习惯在早晨
花 15 分钟冥想

一日之计在于晨。<u>一天的开始是否顺畅会对我们一天的生活产生巨大的影响。</u>

从早晨醒来一直到正式开始工作之前，你在这段时间里会做什么呢？

有的人从冲凉开始新的一天，他只要一冲凉，整个人就会精神起来，可以很好地进入工作状态。

"我会拉开窗帘享受一场阳光浴。""我在关掉闹钟后会在被子里舒服地伸个懒腰。""我会喝一杯热咖啡。""我会给阳台上的花草浇点水。"每个人开启一天的仪式都不尽相同。

我每天早晨起床后，会先喝一杯咖啡，然后一边听广播一边吃早餐。与看电视时要盯着屏幕不同，听广播时我不必将视线一直停留在收音机上，所以这件事适合在早上进行。到了办公室，在开始我的创造性工作之前，我会先制订今日计划，把自己的情绪调动起来，让大脑活跃起来。

现在我习惯每天早晨做的事有打扫办公室、制订计划、静静地冥想和读古文。我在每件事情上花费的时间都是 15 分钟（加起来恰好需要 1 个小时）。

我会做好充分的心理准备，然后开始一天的工作。经过这 1 个小时，我的大脑已经处于完全开启的状态了，工作效率自然就有了很大的提高。

当然，我的例子比较特殊。可是无论你从事什么工作，都请你尝试一下，制订一个早晨的活动计划，为自己创造一个良好的

行为习惯

思维习惯

情绪习惯

环境习惯

SWITCH 17

开端。

你会发现，有了一个美好的早晨，你就变得不再拖延了，而且更容易控制自己。

Q: 你在早晨固定做什么事能让自己一整天都处于良好状态?

A:

我喜欢在早晨一边喝咖啡一边冥想，这样我一整天都很放松

我喜欢在早晨听有激情的音乐，开启一天的工作

学会"一心二用"

如果我能一边听歌一边运动,我就能坚持下去

一边坐地铁一边······

一边等待一边······

一边走路一边······

一边洗澡一边······

一边吃饭一边······

　　"没空"是我们行动的最大障碍，许多人都会说自己没有时间做某件事。对于这样的人，最好的办法就是让他们尝试"一心二用"。

　　那么，尝试"一心二用"的最佳时机是什么时候呢？走路时、等待时、吃饭时、洗澡时——这些时机都很好。

　　我常常在全国各地演讲，所以对我来说路上的时间是学习的绝好时机。

　　我把很多演讲录音存进手机里留在路上听，路上的学习让我感到很兴奋，也增加了我一天的学习时间。

　　去健身房也是如此，为了不浪费这一个小时的运动时间，我会一边骑动感单车一边听音频书。这样一来，我就可以做到学习和运动两不误，虽然只有一个小时的时间，但它的价值是双倍的。我获得了一种满足感，去健身房的次数也增加了。

　　如果你想高效利用时间，想一次做更多的事情，就请考虑一下这种"一心二用"的方法吧。

あなたへの質問

Q: 你通过"一心二用"养成的微习惯是什么？

A:

我一边打扫房间一边听英语音频，养成了学英语的习惯

我一边写日记一边放松身心，养成了写日记的习惯

行为习惯

思维习惯

情绪习惯

环境习惯

"氛围式"习惯养成法：寻找一个让你心情舒畅的场所

仅仅换个地方，就能让你提高干劲

在身心都能得到放松的
地方

在很有情调的咖啡厅里

"我想学习英语，可是在家里没心情学"，在这种情况下，我建议你尝试更换场所。我们在自己家里都没有紧张感，总是处于懒懒散散的状态，怎么会有干劲呢？

你有没有过这样的经历？

● 我只要到附近的咖啡厅看书就能集中注意力。

● 一走进图书馆，我就有一种紧张感，学习效率就提高了。

　　我曾经给 B 同学做过心理指导。她想养成写博客的习惯，却提不起干劲来，一直拖拖拉拉的，始终没有进展。于是，我问她："你觉得换个地方能不能让自己有干劲呢？"她说她想去附近的咖啡厅试试看。后来，她养成了去咖啡厅写作的习惯。可我认为，她的习惯不是写作，而是去咖啡厅。

　　据说，她会化好妆，换上漂亮的衣服出门。咖啡厅里有很多人，也有各种噪声，在这样的环境下，她会产生一种紧张感，能够集中注意力，而咖啡豆的香味也会刺激她的想象力。

　　自从去了咖啡厅写作，B 同学的博客更新速度得到了显著提高。

　　当我工作不顺心时，或者想制定一个新的远大目标时，我就会特意去位于白金台的高级酒店的休息室里坐坐。那是一个能够看见广阔而美丽的日本庭园的地方，在那里我可以高度集中注意力，顺畅地完成工作，所以我一直钟情于此。

行为习惯

思维习惯

情绪习惯

环境习惯

SWITCH 19

Q: 能让你感到身心愉悦的场所在哪里？

あなたへの質問

A:

我如果到市中心的那家咖啡厅去看书就能集中注意力

我喜欢去酒店的休息室工作

养成习惯≠公式化

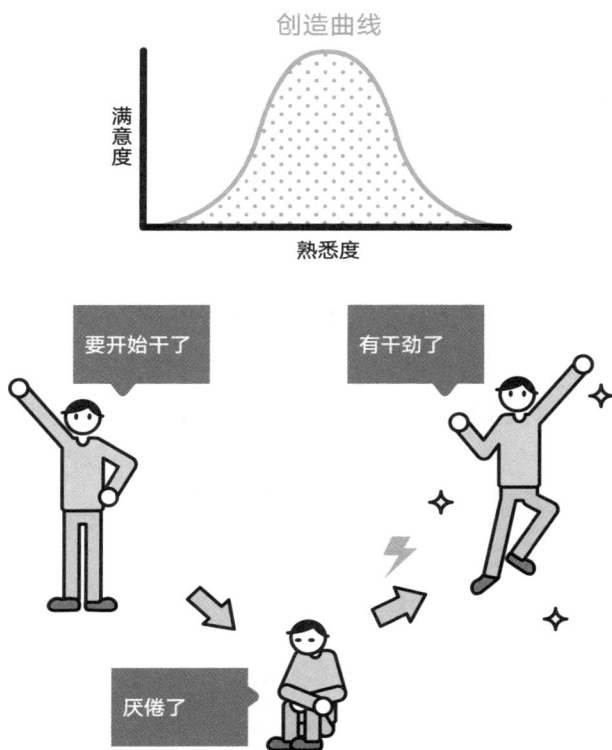

创造曲线

满意度

熟悉度

要开始干了

有干劲了

厌倦了

能够坚持下去的人最擅长利用变化和刺激。

无论干任何事情，我们在开始阶段都会有一种新鲜感，但是熟悉了之后，就会变得倦怠。

我们在开始做一件事时，因为有刺激，所以会感到很有意思，但随着熟悉程度的增加，我们会渐渐感到厌倦。因此，我们需要适度地加入某种变化，给生活一点刺激。

比如，"改变跑步的路线""参加马拉松比赛""换一套运动服""跑步时戴运动手表""把周三定为跑步的日子"等，如果你能把各种各样的变化带到一种习惯中，这些变化就会成为刺激，让你觉得不厌倦。同样，我们在学习英语时，如果能适当地加一点变化和刺激，如"把好莱坞电影当作教材""上网看英文新闻""一个月上两次网课""听 TED 演讲"等，就可以解决习惯养成中的公式化问题。

总之，有时改变行动计划或者设定新的目标，就能够再一次激发积极性。

但是，对已经习惯的时间点和行动量做出重大调整可能会打乱你的节奏，请务必注意这一点。

Q: 为了让自己觉得不枯燥，你使用了哪些小技巧？

あなたへの質問

A:

我报名参加马拉松比赛，给每天的跑步带来新鲜感

我每周都会改变跑步路线

我改变了学习英语的方法：不是记单词，而是看英文原声电影

行为习惯

思维习惯

情绪习惯

环境习惯

拖延也是一种习惯

"这事让我感到心情沉重，再说吧。""什么时候我才能鼓起勇气向领导汇报工作上的失误呢？""我一直拖着没去补牙。"

在我们的日常生活中，总会有诸如汇报工作失误、整理资料、计算经费、回复邮件等想拖延一下的事情。拖延也是一种"习惯"，按原因分类的话，拖延可以分为以下 7 种：

● 嫌麻烦；

● 怕失败；

● 觉得还有时间（其实已经没有时间了）；

● 不想被人讨厌；

● 觉得太辛苦；

● 没有自信；

● 不想后悔。

　　你在拖延一件事的时候，有没有想过以上原因呢？"拖延症患者"的共同特征是"对眼前的工作感到很有压力"。因为精神压力大，所以你就会想"我现在不想做，以后再做吧"，于是你就开始拖延。下面，我想向大家介绍 6 种克服拖延心理的方法。

克服拖延心理 1：以 15 分钟为一个单位

把时间分段，高效利用碎片时间

我要花 15 分钟
处理杂务

我要花 15 分钟
打扫房间

我要放松 15 分钟

<u>15 分钟是一个让我们的行动产生魔力的时间单位。</u>

我们通常是很难挤出 30 分钟或一个小时的时间的，而 5 分钟又太短，我们什么也做不了。如果我们有 15 分钟，就可以着手做起来。与此同时，我们可以将工作内容切割成小块，这样也比较容易完成任务。

我在塑造微习惯的过程中，最成功的就是养成了"每天花 15 分钟打扫房间"的习惯。

要想坚持这个习惯，就不能过于追求完美。如果你的目标是窗明几净，那么就算你把周六和周日的时间都用上，也未必能够打扫彻底。这样一来，你就会觉得没有时间做家务了。

不过，如果你每天只打扫 15 分钟，你就会觉得不用太投入就可以做到，并且会意犹未尽。这种心情会持续到第二天，这样一来，就形成了一个良性循环。

其实，即便你只打扫 15 分钟，房间也会看起来干净许多，你还可以体会到打扫之后的成就感。

工作也是如此。我将那些比较琐碎的杂务以 15 分钟为一个单位进行分割，逐一攻破。设定了时间后，我就会产生一种紧张感，处理事情时也比较高效。

与跑马拉松不同，这种感觉就像短跑，你必须开足马力。如果一项工作需要 15 分钟，你在一个小时之内就可以完成四项工作。以我的个人经验来看，即便对于自己不太想做的事情，我用这种方法也能很好地完成。

对我们完成一项任务而言，15 分钟是正合适的时间，你可以配合使用方法 17（将早晨的时间划分为四个 15 分钟）。如果你有坚持不下去或者想拖延的事情，我建议你试一试这个方法。

Q: 你可以用 15 分钟做什么事情呢?

A:

我可以用 15 分钟编写报告书的大纲

我可以用 15 分钟回顾一天的工作内容并制订明天的工作计划

克服拖延心理 2：列一个清单，做完一项勾掉一项

把要做的事情写出来，别总存在脑子里

要做的事情

- ~~给 ×× 回消息~~
- ~~制作报价单~~
- ☐ 给 ×× 发预约请求
- ☐ 做会议记录
- ☐ 写意见书

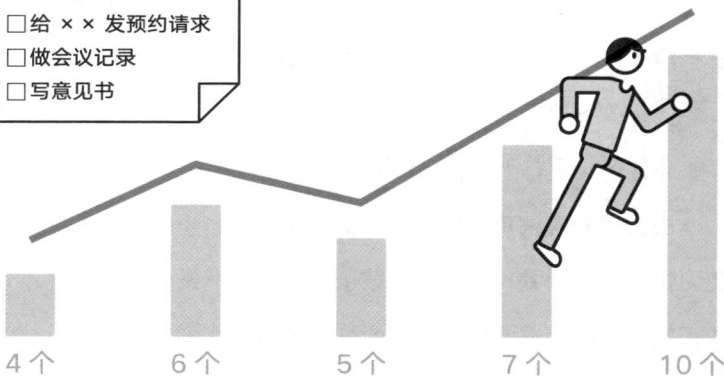

4 个　　6 个　　5 个　　7 个　　10 个

你有没有遇到过以下这些情况?

- 你这也想做那也想做，搞得自己很焦躁，结果怎么也动不了手，只好不断拖延。

- 你没时间处理昨天的几项工作，而这几件事总在脑海中萦

绕，导致你不能集中注意力做今天的工作，效率低下。

遇到这种情况，我建议你可以先把该做的事情写在笔记本或便笺上，这样就等于有了一个良好的开端。你最好不要把应该做的事情留在脑海中，而要将其列成一个"可视化清单"，这样你自然就能释放内心的压力。

我曾经向一位儿童教育专家请教如何才能提高学习热情并坚持下去，那位专家说："我会引导孩子们列出详细的任务清单，让他们做完一项就用红笔勾掉一项，这样做确实提高了他们的学习热情。"

"做 3 页数学练习册""做 3 页语文练习册"，我建议你像这样列出详细的任务清单，做完一项以后就把它勾掉。

当你勾掉已经完成的任务时，成就感和喜悦感就会一下子涌上来，你也会更有干劲："好的！我要继续做下一项！"

成就感和喜悦感可以提高我们的积极性，也是让我们能够坚持习惯的关键因素。因此，对孩子来说，虽然做作业本身并不是快乐的事，但是只要他们能体会到成就感和喜悦感，他们就会继续下去。

其实这些方法不仅适用于孩子，也适用于我们大人。我也有过这样的经历：每完成一项工作，我就用笔勾掉它，然后我就会有一种"做完了"的成就感，并能不断前进。

Q: 你是怎样制定今天的任务清单的?

A:

我把要做的杂事都写出来，在 2 小时之内集中做完了 10 项

我每完成一个英语练习就把它勾掉，一口气完成了 5 个练习

あなたへの質問

行为习惯

思维习惯

情绪习惯

环境习惯

克服拖延心理 3：把工作细分

分解你的工作，逐一突破

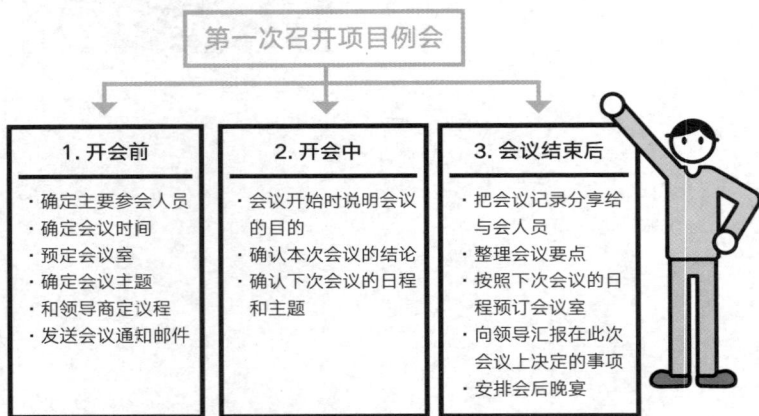

第一次召开项目例会

1. 开会前
· 确定主要参会人员
· 确定会议时间
· 预定会议室
· 确定会议主题
· 和领导商定议程
· 发送会议通知邮件

2. 开会中
· 会议开始时说明会议
  的目的
· 确认本次会议的结论
· 确认下次会议的日程
  和主题

3. 会议结束后
· 把会议记录分享给
  与会人员
· 整理会议要点
· 按照下次会议的日
  程预订会议室
· 向领导汇报在此次
  会议上决定的事项
· 安排会后晚宴

　　"写报告书可真麻烦。""我怎么也写不好贺年卡。"我们做事拖延的最大原因是对眼前要做的事情感到压力很大。有这样一种说法："当一个人想吃肉的时候，如果你牵来一头牛，他可能吃不下；如果你把它加工成一块块的精品牛排，他就能吃下了。"

　　"嫌麻烦""心情沉重""怕失败"等情绪都源于你估算全部

工作量的瞬间所产生的心理负担。如果你将工作进行细分，当你面对一个一个细小的任务时，就不会感到压力太大了。

我们越是面对复杂的、需要花时间的工作，越是想拖延。因此，我建议大家把工作细分。比如，对于召开项目例会这件事情，当你把工作细分之后，你就会明白自己对哪个具体的环节感到有压力。如果说仅仅对于要在开会前确定主要参会人员这个问题，那么你立刻就能把它解决。只要像这样一个一个地解决问题，事情就会非常顺利地进行下去。在工作任务很重、太过复杂的情况下，请你一定要将工作彻底细分，并列出拆解清单。

Q: 你是怎样将以前经常拖延的工作彻底细分的呢？

あなたへの質問

A:

我把撰写报告书分解成 20 个步骤

我用表格将项目启动计划内容详细列出来

行为习惯

思维习惯

情绪习惯

环境习惯

SWITCH 23

克服拖延心理 4：聚焦具体事项

如果有了明确的行动计划，你就容易行动起来

✗ 不喝酒 ➡ ◯ 喝不含酒精的饮料

✗ 运用 PDCA 工作法 ➡ ◯ 把要在早晨做的事情写下来，并排好顺序

- 我要戒酒。

- 我要好好地运用 PDCA 工作法。

- 我要经常和领导沟通。

在塑造习惯的过程中，我们经常一开始气势很足，却很难坚持下去。这是因为，我们很难一直在一件事情上集中注意力。

与方法 23 中所说的"把工作细分"不同，方法 24 的重点在于集中注意力彻底厘清行动的重点。

例如，当我们决定戒酒时，谁都很难突然戒掉，一定要循序渐进。如果一开始你就要求自己做到"滴酒不沾"，那么你很可能戒不下去。我的建议是，如果你真想戒酒，就要把"不喝酒"替换成"喝点什么"。

每当你想喝酒的时候，你可以喝一杯不含酒精的饮料。如果你平时喜欢睡前饮酒，那么你可以把这个习惯替换成"睡前去健身中心运动"。这样一来，当身体疲惫了以后，你就很容易入睡了。

我再举一个例子吧。为了更高效地工作，你下决心要好好地运用 PDCA 工作法，可是你并不清楚要落实在哪些具体的事上。"我本来是想做的，可是后来忘了。""我太忙了没有时间做啊！"各种理由会像山一样挡在你的面前。

因此，我劝你要把行动集中到一点上去。例如，PDCA 工作法包含四个步骤——计划（Plan）、行动（Do）、检查（Check）、

行为习惯

思维习惯

情绪习惯

环境习惯

SWITCH 24

改善（Action），那么你就要明确自己从哪个步骤切入。如果你选中了计划（Plan），就要思考相应的行动措施。你可以按如下步骤进行：上班后，在你打开电脑前，你可以在便笺上写下今天要做的事情，排列好先后顺序再开始工作。如果你能够聚焦具体的事项，就能明确工作目标，也比较容易坚持下去。

Q: **你到底想做什么？你已经付诸行动了吗？**

あなたへの質問

A:

按照 PDCA 工作法，我每天都要回顾"什么事情做得好""哪些地方需要改进""下次要采取哪些对策"

我用豆腐代替米饭做主食，这样可以减肥

克服拖延心理 5：停止情绪内耗，干就完了

对任何事都不感到麻烦的"零精神压力者"

你把这个工作做了 → 好的

你把这个工作做了 → 啊？真不想做啊！这也太麻烦了

我以前有一位同事，他是系统问题处理中心的工程师，每天都要处理不断涌来的投诉问题，经常修改程序到深夜。

在如此大的工作压力下，他依然精神饱满。他是如何保持工作积极性的呢？我带着这样的疑问向他请教。

"我只是做了我该做的事情。谈不上喜欢还是讨厌，我只是以平常心默默地去做而已。"

把应该做的事情默默地做好，这是一种生活智慧，也是成为一名"零精神压力者"的秘诀。面对让你感到痛苦的任务，请不要做无谓的抗争，而要接受它，做自己该做的。

当我们面对麻烦的事情和不擅长的工作时，很容易被消极情绪压倒。但是，越是在这种时候，我们就越应该拿出干劲来。如果我们以消极的态度对待工作，"我好烦啊"这样的情绪就会"决堤"，从而消耗你的能量。

请大家从容地做自己该做的工作，不必做无谓的抵抗，沉下心来去做就好。面对困难，能否保持冷静的态度正是人和人之间拉开距离的关键。

有时我们会被别人指使去洗碗、洗衣服、打扫房间等，如果我们喜欢做这些事情则另当别论，但是我们往往并不喜欢。所以，越是在这种时候，就越不要有抵触心理，踏实去做就不会浪费能量。

用心去做，你就会泰然处之；不厌倦，你就能继续向前。所以，当你面对麻烦的工作时，淡定一点，做自己该做的就好。

Q: 既麻烦又让你感到心情沉重的工作是什么？

あなたへの質問

A:

开发新客户

把洗好的衣物叠起来

计算一个月的交通费

克服拖延心理 6：当场就做这件事

"我现在就做"——这是最有力量的一句话

积极性曲线

当我想完成一项工作的时候，
工作效率肯定是最高的

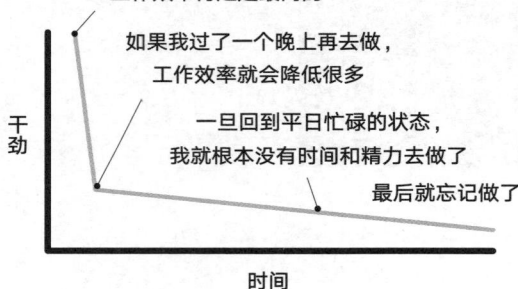

如果我过了一个晚上再去做，
工作效率就会降低很多

一旦回到平日忙碌的状态，
我就根本没有时间和精力去做了

最后就忘记做了

干劲

时间

> 与其拖延，不如趁现在把它做好，以后就轻松多了

　　我就拿做会议记录为例吧，没有比会后再做记录更麻烦的事情了。假如你在会议结束 3 天后整理会议记录，你就需要花费相当多的精力，仅仅回忆开会的内容就费心劳神。那么，在什么时候做会议记录最有效率呢？

　　我想介绍一下 C 同学的经验。C 同学是公司部门的会议记录员，为了最大限度地降低每周例会的记录工作带来的精神压力，她采用了"马上行动法"。

　　她在会上带着笔记本电脑，当场就能记录 70% 的内容，而且她习惯在会后 30 分钟之内完成剩余 30% 的内容。

　　<u>与其在任务清单上留下"写会议记录"这一条，不如尽量当场就完成这件事</u>。别让这件事一直萦绕在你的脑海中折磨你，到最后不得不写的时候，它会消耗你大量的精力，得不偿失。

　　当你想到一件事情时，马上去做是最容易的。你的头脑中闪现出那件事情的时候，就是行动的最佳时机。

　　我建议大家对于 5 分钟内就能完成的事情，不要拖延，马上就做。这是因为，当你把思考的焦点转移到别处去的时候，要想回来就需要重新启动大脑。如果你在短时间内可以做好，就立即行动起来。其他事情也是一样的，即使没有期限，也请你尽量及时行动起来，我想你会有意想不到的收获。

行为习惯

思维习惯

情绪习惯

环境习惯

SWITCH 26

あなたへの質問

Q: 对于什么样的事情，你会马上就做？

A:

开会时，我会总结各种意见，当场就拿出结论

越是自己不擅长和觉得麻烦的工作，就越不应该拖延，我会马上就做

第2章

掌控思维的18种微习惯

摆脱消极心态

微习惯积极心理学

人们都会在惯性思维里止步不前。我们越是长期处于已经习惯的环境中，就越不容易改用另一种方式思考问题。

对自己没有信心，惧怕失败而不能采取行动，被批评后陷入自我厌恶情绪——这些因素都会让我们进入消极状态、感到痛苦。正如前文所言，**40%** 的幸福是被我们的思维方式和认知方式所左右的。可以这样认为：事实和解释是两回事，我们每个人都生活在由自己做出解释的世界里，虽然事实无法改变，但解释是可以改变的。

事实和解释是两回事

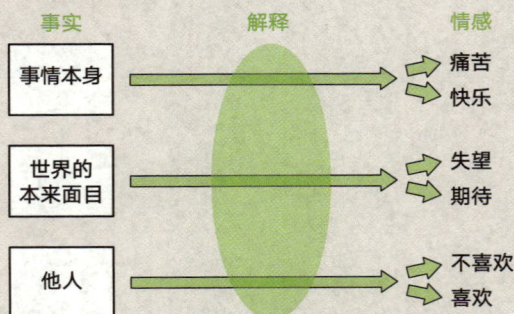

事实	解释	情感
事情本身		痛苦 / 快乐
世界的本来面目		失望 / 期待
他人		不喜欢 / 喜欢

有时我们看到的虽然是同一个事实，却由于认知方式不同而导致我们反应各异。例如，面对杯子里装有半杯水这个事实，有人会认为"糟了！只剩下半杯水了"，有人则会认为"太好了！还有半杯水呢"。

我再举一个职场中的例子。在公司的早会上，一位职员因为拿到了一个大订单而得到了领导的表扬。这时，其他人会怎么想？有的人会想"太厉害了，我可不行啊"，有的人则会想"我也要加油"，还有的人会想"没什么了不起的，运气好罢了"。

对于同一个事实，不同的人有不同的解释，而不同的解释会带来行动上的差异。

能够自我调节的人即使面对不乐观的事实，也会控制好自己的情绪，尽量积极地处理问题。

思考方式和认知方式都与思维习惯密切相关。改变了思维习惯，人生就会发生改变。下面，我想介绍一下 C 同学自我改造的案例。C 同学因为公司里的人事变动而被降职，意志消沉。她很想从这种消沉的状态中走出来，于是花了一年的时间上了我的微习惯培训课。那么，一年后她变成了什么样子呢？

最初她也考虑过换工作或独立创业，但后来还是决定在现在这家公司努力工作下去。她告诉我"在哪里跌倒，我就要在哪里爬起来"，她不再对自己无论如何都无法改变的人事变动耿耿于怀，而把精力花在自己可以控制的目标和事情上。一年过去了，这个挫折已然变成了她的一个机遇，给她带来了积极的改变。

　　我希望大家可以拥有自我调节的能力，稍微改变一下思维习惯，摆脱消极情绪。我将在本章介绍 18 种方法，希望各位都能重新审视自己思考问题的方式，适当地进行调整。

　　我建议大家最好能每天坚持写日记，重新审视周围发生的事情，记录自己的对事情的理解和看法。慢慢地，你就会养成好的思维习惯。

"1 厘米超越思维"：不是超过别人，而是超过自己

如果你不喜欢和别人比，那就和过去的自己比一比

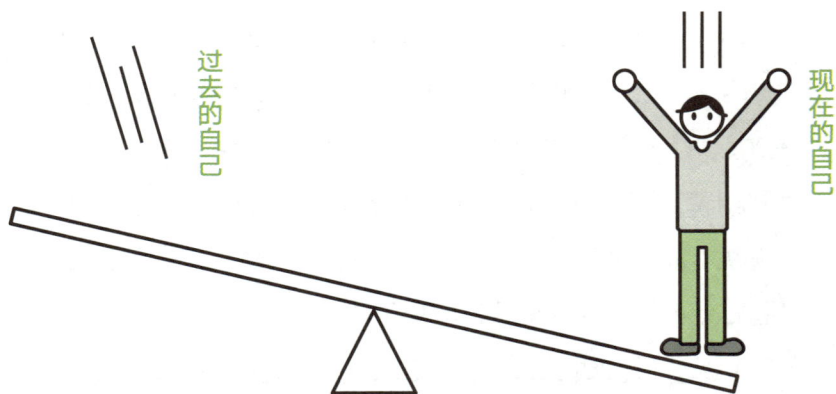

过去的自己

现在的自己

在国外工作的 D 同学因为英语不好而感到很自卑。她要求自己每天学习英语两个小时，但坚持了半年后就突然不想学了，这种情况反复了好几次。当她用英语进行商务谈判时，有时会因为没理解对方说的话而不得不请对方再说一遍。"我这样努力学也没有提高，看来是因为我没有天赋啊！""我的同事能用英语顺畅地交谈，可我却不行……"D 同学有很强烈的自我厌恶感，她

说当她看到身边的男同事能用英语顺畅地进行商务谈判时，自己就完全失去了自信，也没有了学习的劲头。

我又详细地询问了一番，才知道她的那位男同事在国外工作了 20 年之久，而 D 同学只在国外工作了 3 年。20 年和 3 年当然有区别，可是，D 同学却忽视了这一点。

D 同学喜欢与能干的人比较，认为自己没有别人优秀，然后就会陷入自我厌恶的情绪之中。我告诉她可以尝试改变一下比较的对象：不要与他人比，而要与过去的自己比。

我建议她与刚去那里工作时的自己进行比较，看看英语能力有了多大提高，并把比较结果用具体的数据表示出来。这样一来，她发现自己的英语水平确实有所提高。后来，我还问她："照这样继续学习下去，5 年后你的英语水平会到什么程度？ 10 年后呢？ 或者像那位男同事一样，再过 20 年呢？ "她回答我说："毫无疑问，我肯定能说得很流利了啊！ "

因此，最重要的是与过去的自己相比较，哪怕你只进步了 1 厘米也刷新了自己的最好成绩。"现在的自己已经超越了过去的自己"，如果你能这样想，就会变得积极向上、充满干劲。

后来，D 同学坚持了下来，仅仅用了两年的时间，就当上了公司海外事务所的所长。

我们与他人比时常常会有一种挫败感，所以我劝大家还是多与自己进行比较。如果我们能够做到每天进步一点，那么一定会慢慢成长起来。

Q: 与从前的自己比，你有没有成长？

A:

我坚持了一个月晨跑，发现自己即使连续跑 3 千米也不觉得累了

与半年前相比，我的英语词汇量增加了很多

行为习惯

思维习惯

情绪习惯

环境习惯

SWITCH 27

99

最大化思维：发挥既有优势

如果你觉得自己既没钱又没啥大本事，就要充分发挥你已经具备的优势

以我现在的技术水平，
我完全可以做好

我虽然没在这家小店上投入多少钱，但只要我有创意，也可以"赚大钱"

¥ + 创意

=

我的朋友不多，
但交情都很深

"创业的时候没有资金是不行的，可现在我没有多少存款，怎么创业？"

"你用手头已有的资金就可以创业！"

这是孙正义先生回答有志成为企业家的年轻人的一句话。

我们想做事情的时候，往往会把注意力放在自己不具备的条件上，而这也成了自己不能继续下去的理由。

"没有钱""欠缺技术""没有经验""没有资源"……这些都成了我们不能做的理由。但是，如果我们换一种思维方式，尝试凭借目前的条件起步，那么我们的视野就会被打开。

同样的道理，你不要去想"没有充足的资金"，而要去想怎么合理利用现有的 100 万日元。虽然你可能会遇到困难，但只要想办法去解决问题，就一定会找到自己能做的事。

畅销书作家本田健在成名前曾用很少的本钱把自己写的文稿印制成小册子并免费发给朋友们试读。后来，大家口口相传，他也有了很多读者，最终有了自己的事业。

"没有太多熟人"这个问题同样如此。即使你没有太多熟人，可是把全部朋友都调动起来，也应该有 20 个人吧。如果这 20 个人再分别调动自己的 20 个朋友，你就能与 400 个人建立关系了。

有的人刻意提升自己的技术水平、积累经验，但究竟要达到什么程度却没有统一的标准。我在刚刚做顾问的时候，时常会想："我得多积累一些经验，还是去培训班学习之后再去找客户吧。"于是，我不断地上培训班。但我越往下学就越发现自己无

行为习惯

思维习惯

情感习惯

环境习惯

SWITCH 28

知，结果什么都不敢做，这种情绪与日俱增，最后我什么也没做成。

后来，我才明白了一个道理：我们要学会利用现有的资金、关系、技术、知识、经验，从调动这些已有资源开始，一边做事情一边积累更多的资源。

Q: 目前，你最大的优势是什么？

A:

あなたへの質問

我做过文职工作，能做出很精美的 PPT

我一直做销售工作，很擅长和别人沟通

概率思维：结果取决于行动的量

如果你觉得自己总是失败，就多试几次，因为有时候你欠缺的不是"能力"，而是"行动"

如果你发了 30 封求职
邮件，就可能获得一
次面谈的机会

即使命中率只有 10%，
如果你出击 10 次，也
有命中的可能

　　一位有名的记者说过这样一句话："我采访过许多成功人士，他们有一个共同之处，那就是一直坚持挑战，直到达到目标为止。"他得出的结论是：我们能否成功取决于概率。我也赞同他的观点。

在我参加工作的第二年，我被分配到信息部新项目开发小组，成了一名年轻的销售人员。我每天上午从 9 点半开始，按照公司提供的名单，依次给有可能成为客户的公司负责人打电话，一直打到 11 点半为止，每天大约要打 50 个电话。当然，一开始我总是吃"闭门羹"："我们公司已经有合作伙伴了，我们不需要！"然后对方就会挂断我的电话。有一段时间，我的工作没有任何起色。

但是，天无绝人之路，不久便出现了愿意回应的客户："那我们就听听你怎么说吧。"我统计了一下，发现我每打 30 个电话就会有 1 位客户愿意与我见面，也就是说我的成功概率大约是 3%。或者可以说，哪怕我被连续拒绝 29 次，接下来我也会有 1 次成功的机会。每当我想到这一点，就会很开心，这是支撑我把电话一直打下去的动力。

不知不觉，我这个职场新人已经签了好几个订单，还得到了公司的奖励。

"积极的行动会让你的路越走越宽。"这个信念成为我的精神支柱。后来，我在 29 岁时独立创业，赤手空拳开展咨询业务，并取得了一些成就。我想，引领我前进的就是这个信念。我采取的方法是：我在博客上为 1000 人免费进行心理指导，并争取与其中的 100 人见面并进行线下指导，而这 100 人中的 20 人会成为付费客户。

我出版专著时的做法也是一样的，我计划给 100 家出版社邮寄我的作品。我先给 33 家出版社寄去了初稿，结果竟然有 11 家给了我回复。就这样，我的第一本书《30 天改变人生：坚持下去的习惯》于 2010 年出版了。后来，我又陆续出版了系列作品，目前整个系列已经销售了 12 万册。

可以说积极行动是普遍的成功法则。有人看不到结果，就会觉得"因为我没有技术""因为我没有熟人"，其实更多的是因为"行动不够"。当你积极行动时，可能就会发生意想不到的奇迹。拿我来说，我愿意主动认识优秀的人，愿意和他们共事，当然也就因此交到了不少知心朋友。

的确，寻找一种好的方法固然很重要，但仅仅寻找好的方法却迟迟不行动也是徒劳无功的。即便只有 1% 的成功概率，你也要去行动，因为行动 100 次之后，你就可能会成功。

Q: **为了提高成功概率，您会采取怎样的行动呢？**

あなたへの質問

A:

我会准备好 10 个方案

我会"海投"应聘简历

行为习惯

思维习惯

情绪习惯

环境习惯

SWITCH 29

105

焦点思维：只关注你能做到的事

因自己无法控制的事情而烦恼，这是精神压力的最大来源

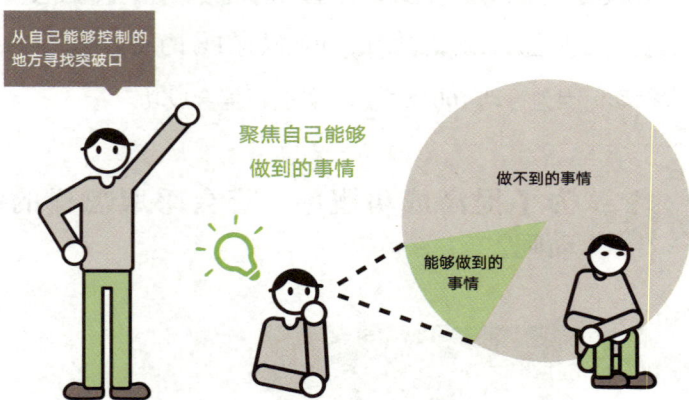

从自己能够控制的地方寻找突破口

聚焦自己能够做到的事情

做不到的事情

能够做到的事情

很多人之所以有精神压力，是因为他们有自己无法控制的事情，并为此而感到烦恼。

我刚刚找到工作时，公司承诺把我分配到位于大阪的分公司营销部。但是，离我正式入职大约还有 3 个月的时候，公司突然决定改派我去位于东京秋叶原的一家分公司的计算机销售部门

上班。

　　我是大阪人，很想回到熟悉的环境工作，而且我之前既没有申请去东京工作，也没有提出希望做直接与客户打交道的销售工作。我对这种与面试时的承诺完全不同的工作安排感到十分愤慨，而且我一旦去了就可能要长期待在那里，我感到前途一片渺茫。

　　我还记得自己在失望中漫无目的地闲逛，拐进一家书店，我发现了一本书。书中有这么一句话："请区分您能够控制的事情和控制不了的事情，然后将注意力集中在您能够控制的事情上。"我记得当时有一种被"棒喝"的感觉。

　　我不应该总想着一些自己无法控制的事情，诸如"我什么时候才能返回大阪啊""为什么单单是我被改派出去呢"。于是，我开始思考我能做到的事情是什么。我不能改变自己的过去和他人的想法，但我可以改变自己的未来。

　　"是否辞去公司的工作"这件事是我自己可以决定的。"我可以在目前的岗位上干上一年，储备实力，以后如果讨厌这份工作我再换"，最起码我还有这样的选择。我想通了，增长知识、提升能力是我可以控制的，于是我决定利用这次机会锻炼自己的销售能力。后来我发现，我能做的事情还真不少。

　　如果能沉下心来去做，销售工作还是挺有趣的。我还记得那一年我埋头工作、年终无休，曾经对工作分配的不满竟然也在不知不觉中烟消云散。结果仅仅过了 1 年，我就接到了可以回到大阪本部的通知。"啊？我下周就可以去大阪了吗？"我当时还专注于手头工作，接到调令后感觉自己就像被人抚摸了头发一般舒畅。

只要我们能改变观念，把注意力放在自己能够掌控的事情上，我们的心情就会变得愉悦，工作就会变成一种享受。

对于那些无论如何也不能改变的事情，你要做的就是放手。

Q: 面对无法控制的事情，你能做些什么？

A:

あなたへの質問

虽然他是令我讨厌的上司，但他的业务能力很强，所以我还是要向他学习

虽然对目前的工作分配不满，但我还是要从这项工作中学到东西

面对无法说服的上司和顾客，我还是接受他们的意见吧

发散思维：寻找更多选项

如果你能扩大选择范围，就会发现更多可能性

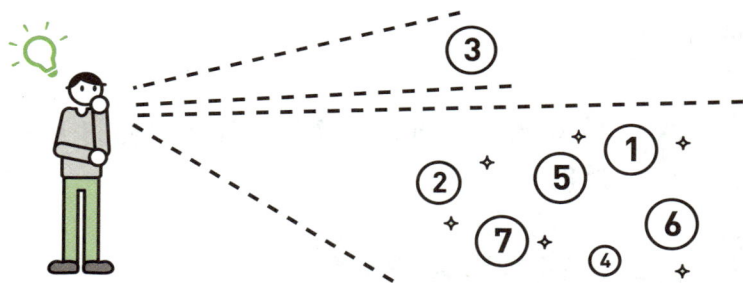

你在工作中也有过走投无路的感觉吧？我们之所以会觉得无路可走，多数情况下是因为我们习惯拘泥于一种答案。其实，只要增加选项，我们就可以摆脱"心塞"的感觉。

2011 年，日本遭遇大地震，当时恰逢公司成立的第五个年头，公司受到影响而陷入了经营困境，客户纷纷取消预约订单，公司后续的经营状态无法估计。

预计的营业额不翼而飞，当时的我完全陷入了走投无路的境地。

"如果公司倒闭了怎么办？"我终日想着这个问题，苦恼不堪。后来，我开始学着把这种负面情绪转化为行动力。幸运的是，我们还有一部分可以支配的资金。于是，我们详细计算，针对如何增加营业额和降低成本，提出了近 30 种方案。这样一来，我们发现实际上还有很多方案可供选择，我们并非走投无路。

"如果公司倒闭了怎么办？""如果被裁员了怎么办？"你之所以有这些不安，是因为你除了在这家公司工作以外别无选择。如果有多种选择，即使公司倒闭或被裁员，你也不会觉得生活变得一团糟。

Q: 当你遭遇"瓶颈时期"，你是怎样打开思路的？

あなたへの質問

A:

我会问一问身边的朋友，如果公司倒闭，他们有没有其他选择

我会事先准备 10 种方案

方法 32 量变思维：只做 1% 的改变

如果你有 10 个行动方案，那么请先选 3 个试试

现在就请你
做一做

1. 写出自己在时间管理方面的 10 个烦恼。
2. 在网上查找有效的时间管理方法。
3. 选一本和时间管理相关的书，坐下来阅读。
4. 向擅长时间管理的同事请教。
5. 听一听领导在时间管理上的建议。
6. 选三个适合自己的时间管理技巧进行实践。
7. 买一个记事本用来写每日计划。
8. 复盘上一周你做得完美的事和需要反思的事，以及相应的改善对策。
9. 下班后，花 10 分钟做好明天的工作计划再回家。
10. 早晨抽出 30 分钟集中查收邮件。

行为习惯

思维习惯

情绪习惯

环境习惯

我们有时会习惯于思前想后，以至于在原地不停徘徊、无法前进。遇到这种情况，我建议大家一边行动一边思考，不要琢磨太多，而要把注意力集中在行动上。

遇到问题时，我们都会想着分析原因并找出最佳解决方案，但是时间和精力是有限的，我们不可能对所有的问题都进行充分的考量。

我的建议是，对于眼前的问题还是尽早处理为好。与其纠结于找不到十全十美的解决方案，还不如迅速采取行动，一点一点地去改善，最终你一定能找到最佳方案。

以经常加班的 E 同学为例，他经常被领导提醒要更科学地管理时间，虽然他自己也意识到了这个问题，但是怎么也找不到症结所在，依然每天忙得焦头烂额。

我建议 E 同学不要总在这些问题上"钻牛角尖"，而要把精力集中在下一步的行动上。我让他思考 10 个"在 1 周之内能够马上实践的改善方法"，也就是前文列出的清单。

这些为解决问题所采取的行动很容易付诸实践。我请他从这10 个行动中选取他认为特别有效的 3 个，然后在 1 周之内试试看。

首先，他向同事田中请教了时间管理方法（参见清单第 4条）。田中告诉他如何利用路上的时间写报告。以前他总是熬夜写报告，这样一来，他再也不用熬夜了。

其次，他买了一个专门的记事本（参见清单第 7 条），他每次用这个记事本写计划都觉得非常开心。

最后，他实践了清单第 9 条。第二天，他可以按照写好的计划有条不紊地开展工作。通过这个方法，他切实感到自己的工作效率提高了。

如上所述，如果你把注意力集中在思考问题上，总是踌躇不前，就会导致自己迟迟不能行动。所以，请把注意力集中在行动上，能做出 1% 的改善就很好。

Q: **为了解决问题，你尝试过哪些方案？**

あなたへの質問

A: 为了提高销售业绩，我试过以下方案：
- 阅读销售方面的专业书；
- 跟领导一起去参加商业谈判；
- 分析去年的销售业绩情况

行为习惯

思维习惯

情感习惯

环境习惯

SWITCH 32

共赢思维：如何让双方都满意

不要妥协，而要成全

在职场上的日常谈判中，我们经常采用"提出妥协方案""提出折中方案""共同分担"等方法解决问题、达成共识。以共赢为目标的哈佛式谈判术被认为是最具创造性的谈判方式。哈佛式谈判术的主旨是让谈判双方都能满意。要想做到这一点，我们必须思考让对方和自己都满意的关键点究竟在哪里。

我认识一对夫妻，他们结婚已经5年了。孩子出生一年以后，妻子每天忙于带孩子，对丈夫经常晚归很不满，两个人为此争吵不休。每当丈夫在家时，妻子就会说些"能不能带一带孩子""能不能帮我分担点家务"之类的话，丈夫却说："我工作那么忙，下班回家就想好好休息。"妻子立即反驳："我也没有好好休息的时间啊！家庭主妇是要 24 小时上班的！"

我们来分析一下这个案例。其实，丈夫也可以提出更有效的折中方案，如"我来洗碗吧""我来放洗澡水吧"等。也就是说，他要明白这个道理：既然对方在忍耐，自己也要忍耐一下。

只是这样一来，双方就要继续妥协下去，共同承担不自由带来的痛苦。他们最应该做的不是关注各自有什么主张，而是要去寻找存在于主张背后的那个"不"字。这个"不"字有很多内涵：不自由、不满足、不满意、不安、不愉快……

我想，妻子的"不"指的是"不自由"，她在心底呐喊"我想要自由"。因为每天忙于带孩子，她什么都做不了。当她看到丈夫回家后无所事事时，一直压抑的情绪就会爆发。如果明白这些道理，丈夫就不会觉得不高兴，而会和妻子一起去摸索创造自由时间的方法（也因人而异）。例如，到了周末，丈夫可以抽出时间陪孩子玩，再去做一顿饭，给妻子创造一些自由时间，让她也有时间上网、回复 Facebook 上的消息。

后来，这对夫妇商定周日上午把孩子送去托管班，这样两个人就有了去看电影的时间，妻子带孩子的精神压力有所减轻，夫妻之间的交流也大有改善。据说，现在即使丈夫下班回家无所事

115

事，妻子也不会抱怨了。

Q: 身边的人为何对你不满？

A:

妻子说："我只是想发泄一下情绪，不要给我意见。"

孩子说："我想自己做决定，不要老管着我。"

同事说："我要全力以赴，不要打扰我。"

去结果思维：尽力去做就好

不必在意结果，享受过程吧

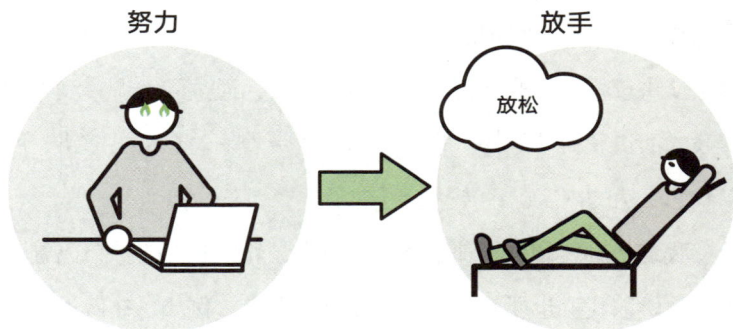

努力　　　　　　　　　放手

放松

如果我们过于注重结果和对方的反应，就会感到压力很大、进展缓慢。在这种情况下，我建议你只要明确自己的态度就好，至于对方是否采纳你的意见，那是对方的事情。

我曾经发表过题为"工作方式改革"的演讲。我记得当时共有三位演讲者，负责基调演讲的是青山学院的原晋教授，他在媒体界非常有名。

会场上座无虚席，面对这么多听众，我感到有些不安。因为这次演讲与平时去企业演讲不同，台下的听众几乎没人认识我。"我能否被听众接受呢？我的演讲能否符合大家的要求呢？"上台前，我的心怦怦直跳。

"可我现在想这些又能改变什么呢？"突然，这样一个念头闪现在我脑海中。资料已经分发给大家了，演讲的内容也不能改变了，况且我也做好了演讲的准备，并为此做了相应的练习，至于大家的反应如何，此刻多想也无济于事。就算有人觉得不合自己的口味会中途退场也没关系。"那就这样吧，好好讲就是了"，我这样鼓励自己。我把演讲的焦点放在真正想传达的东西上，在整个演讲过程中都非常投入。演讲结束后，通过问卷调查我才知道我的演讲获得了好评。也许是因为我带着一份热情去演讲，所以我想表达的内容已经传达给听众了。

我们从顾客和领导那里得到认可和鼓舞，从而支撑自己继续工作，所以我们也要考虑他们的要求和反应。例如，在做设计方案时，如果我们不考虑对方的要求，方案就可能不会被通过。但是，在已经写好并将其打印出来后，就没必要去想能不能被接受和认可了。考试也是如此，考前请努力复习，考完后就不要去想能不能考好了，因为这已经毫无意义了。

到了马上要输出的时刻，请你不要在意对方的反应和未知的结果，因为这会扰乱你的心情。我们要做的就是放下压力，不要患得患失，而要把注意力集中在此刻的行动上。

万事准备妥当以后，你就不必在意对方的反应和事情的结果了，真正需要你做的是认真应对即将到来的挑战。

Q: 你在意别人的评价和结果吗？

あなたへの質問

A:

我不在意，因为提案能否通过取决于领导，我尽力就好

我不在意，因为我不能掌控台下听众的反应，自己享受其中就好

行为习惯

思维习惯

情绪习惯

环境习惯

SWITCH 34

"接力棒"思维：今天我做这么多就可以了

将"接力棒"交给明天的自己

我真差劲

× 觉得自己能力不够，很苦恼

○ 尽我所能

现在这样就很好

13 年前，我刚刚成为一名咨询师，接到了一个专栏的约稿邀请。那是一家不知名的媒体，给的稿费也是象征性的，但我是第一次写稿子，所以很兴奋，干劲十足地完成了任务。

然而，当我静下心来再读一遍自己写的稿子时，我愕然了——内容太枯燥了，简直一点意思都没有。

　　我当时很犹豫，这样毫无创意的稿子还有必要发出去吗？我向我的指导老师请教，请他直言。他说："写专栏稿的要点是简明扼要地将某种知识或技能表达出来，让人觉得通俗易懂。你写的稿子就像教科书一样，不接地气。"指导老师把我的问题无情地指了出来。确实如此，与我平日阅读的书相比，我这篇稿子的内容很枯燥，一种无力感笼罩在我的心头。

　　我的指导老师曾写过很多充满洞察力的畅销书，我问他："怎么才能写出有趣的稿子呢？"老师的回答却出乎我的意料。

　　"你现在能写出这样的稿子已经不错了，难道你不这样认为吗？"

　　我听到他这么说，突然松了一口气。是啊，作为一个新手，不可能一下子就写出符合读者要求的稿子。我现在要做的就是在自己的能力范围内做到最好。指导老师的一席话中蕴藏着一个道理，那就是我们一定要正视成长的可能性。

　　"现在这样就可以了"与"可以一直这样下去"是不同的。前者可以消除我的不安，让我不再认为自己可能写不出更好的东西了。

　　承认自己的不足是成长中不可或缺的。但如果我们把目标定得过高，硬要与优秀的人相比，就会被一种无力感所折磨，这种无力感会阻碍自己的行动。因此，如果这是你拼尽全力取得的成果，那么请不妨认可自己的进步："现在这样就可以了！"

　　除了从当下做起，你别无他法。

Q： **你能接受自己现在的状态吗？**

A：

あなたへの質問

虽然我动作僵硬，但我记住了舞步，我跳成这样已经很不错了

我写的博客虽然内容一般，但我每天都坚持更新，这已经很难得了

底线思维：降低你的期望值

如果现实很"骨感"，不必烦恼，只要降低你的期望值就好了

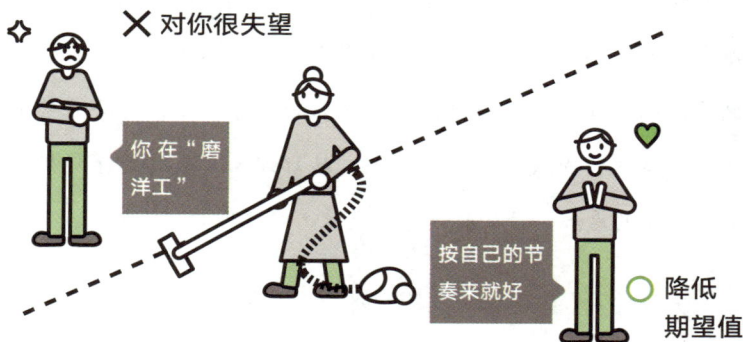

✕ 对你很失望

你在"磨洋工"

按自己的节奏来就好

○ 降低期望值

　　富士电视台的一档节目《我们的时代》非常有意思。节目以吉田明世、中村仁美、枡田绘理奈三位女主播的谈话为主要内容，她们分别讲述了自己一边工作一边带孩子的烦恼。在这三个人当中，我认为吉田明世的想法非常有智慧，我想在这里分享给大家。

中村：您有没有对您的丈夫说过"我希望你改改你的坏毛病"？

吉田：我早就把它当作"不治之症"看待了，因为我也有很多毛病被老公指出来，但也没有改正。我们都有一些小毛病，彼此互相包容，摸索着过日子，这才是夫妻啊！

中村：结婚以后，您有没有发现对方"原形毕露"了？有没有抱怨过？

吉田：我当然也有不满，不过，我可以控制这种不满情绪。一开始，我总是在心里抱怨："洗碗池里有那么多没洗的碗筷，他怎么就看不见呢？"不过，我现在已经意识到，虽然自己看到没洗的碗筷就会不舒服，想赶紧收拾干净，但是老公可能并不在意这些，而我也不能勉强他。从那以后，我转变了对做家务这件事的看法，什么时候想做就什么时候做吧。

夫妻关系专家约翰·戈特曼博士的研究结果表明，婚姻生活中发生的 69% 的琐事都是"永远存在的问题"。而那些过着幸福生活的夫妇，他们都不会把这些无法解决的问题放在心上。

人无完人。"不帮我干家务""每天就知道'买买买'""好半天都出不去门"……这些不满谁都会有。

我们要将这些问题视为"永久性问题"，并学会与之友好相处。吉田女士的观点非常新颖："我早就把它当作'不治之症'看待了。""我可以控制这种不满情绪。"这些正是她的生活智慧和思维习惯，她根本就不打算改变对方，而是调整自己的期望值。

　　一个人不可能是完美无缺的。你的不安和不满都来自"理应如此"这种想法和现实之间的差异。这时，我建议你不要试图改变对方和现实，而要试着改变自己对所谓"理应如此"的执念。

Q: 哪些事情让你感到无能为力？

あなたへの質問

A:

> 我家孩子吃完饭从不收拾碗筷，我真拿他没办法

> 孩子爸爸是个暴脾气，不过他就是那种性格的人，我也没有办法

行为习惯

思维习惯

情绪习惯

环境习惯

SWITCH 36

125

长期思维：做好失败的思想准备

只要坚持下去，终有一天你会成功

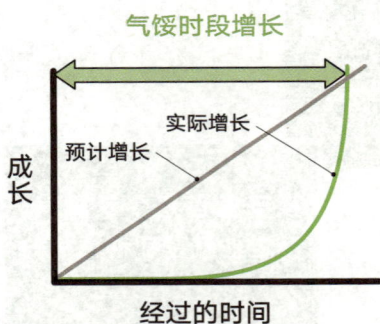

我先给大家出这样一道题。

一片池塘里的睡莲在一天之内能长到原面积的两倍大，这片池塘被睡莲完全覆盖住需要 30 天，那么，请问池塘的一半被睡莲覆盖需要多少天？

答案是 29 天！对于大多数人来说，估计这个答案会让他们感到吃惊。睡莲覆盖半个池塘需要的时间仅仅比覆盖整个池塘少一天。那么，睡莲 15 天可以覆盖池塘的比例是多少呢？答案是0.0025%。也就是说，在前半个月的时间里，睡莲几乎不会被人们注意到。

我把这种最初慢慢成长，然后突然呈现成果的现象称为"裂变式成长"。就像池塘里的睡莲到了第 29 天会突然绽放那样，你的努力有时会经历这样的"裂变"过程。

我的合作伙伴伊藤良在刚开始做咨询师时以出版畅销书为目标，每天都在博客上写文章。可是，就算他这样每天不耽搁地写，访问量也没有增加。到了第 3 年，他写了 1000 多篇文章，终于有出版社来约稿了，但是需要他自费出版。"怎么总也不出成果呢？"他虽然有些气馁，但仍然继续更新博客。在他写博客文章的第 1831 天，他终于收到了一家著名出版社的约稿邮件。从他开始写博客文章算起，已经过去了大约 5 年的时间。

1831 天每天更新，他的这种持续不断的文字输出，以及真诚、孜孜不倦的精神引起了出版社的注意，出版社为他量身打造了一套系列书。

对于我们投入努力所获得的成果，我们一般都会期待它有直线型增长，但现实中有时也会出现曲线型增长，就像池塘里的睡莲和伊藤那样。虽然你在努力，但是看不见成果，这个时期的确让人气馁，我们可以把它称作"气馁时段"。

你可能会说即便自己拼命记英语单词，托业成绩也不能马上提高，更不能说一口流利的英语。但是，我想说的是，以这种拼命精神坚持学习几年的人一定会迎来自己的"裂变式成长"。

最后，我建议大家事先调整自己的预期，做好心理准备，以便应对"气馁时段"。

Q: 你在"气馁时段"是怎样给自己鼓劲的？

A:

我告诉自己："功到自然成。"

我安慰自己："这只是黎明前的黑暗。"

我给自己留出三年的时间奋斗

初心思维：给自己找一个坚持下去的理由

不能只想"怎样才能坚持下去"，也要想想"为什么要坚持下去"

我想干一门副业，因此我要努力早起工作

我想出国留学，因此我要努力学习英语

养成习惯需要一个过程，我们一旦坚持不下去，就会失去信心，认为自己没有毅力，但其实我们坚持不下去的根本原因往往是"找不到不向困难低头的理由"。

我想和大家分享一个关于 T 同学的案例。

T 同学觉得仅凭现在的工作不能让家人过上好的生活，所以他想干点副业以增加收入。此外，他打算等孩子大学毕业后就离职，一心扑在自己喜欢的事情上，所以他想趁年轻多赚点钱。

T 同学的本职工作很忙，他只能利用早晨早起的时间。于是，T 同学每天早晨 5 点起床，以确保自己从 6 点到 8 点能从事副业。很多年了，他一直保持着这样的生活节奏。

当然，加班、睡懒觉、熬夜"刷手机"等各种诱惑都还存在。但是，实现心中理想已经成为他早起的动力。T 同学之所以能坚持早起，是因为他有早起的理由。但如果早起的理由仅仅停留在"早起可以有更多的时间"这种程度，他还是无法抵挡各种诱惑。

为了养成微习惯，我建议大家从明确自己的理想开始，请你问问自己："我想成为什么样的人？我想实现什么目标？"

经常有人问我："怎样做才能养成好习惯？"其实，这个问题的顺序颠倒了。我们只有想清楚"为什么要在这件事情上养成好习惯"这一问题，才会为自己找出不向困难低头的充分的理由，这一点是成功塑造好习惯的先决条件。

Q: 你想成为什么样的人？为此，你要养成什么样的微习惯呢？

あなたへの質問

A:

我想去国外留学，所以每天早晨 5 点起床，学习英语

我想去国外的分公司工作，所以我开始学英语

行为习惯

思维习惯

情绪习惯

环境习惯

SWITCH 38

故事思维：被感动的能力

当我们意志消沉时，那些感人的故事能让我们振奋起来

　　我发现让自己振奋起来的往往是别人的故事。畅销书《苹果的奇迹》中所介绍的苹果培植专家木村秋则先生曾在我气馁时给过我无穷的力量。

　　木村秋则先生苦苦奋斗 8 年才成功培植出堪称奇迹的"无农药苹果"。此前，他在农村过着贫困的生活，全村人都觉得他过于异想天开而不和他交往，他却依然坚持梦想。虽然有一段时期他屡试屡败，甚至有过放弃的念头，但最后终于找到了"无农药苹果"的栽培方法。

　　我刚开始创业时，无论怎么努力都不顺利，内心几乎绝望。但是，每当我想到木村先生，就会觉得我现在的状况又算得了什么呢？想到这些，我又鼓起了勇气。当我遭遇瓶颈时，孙正义先生的个人奋斗故事和稻盛和夫先生重建日本航空公司的故事也无数次地激励过我。

　　你心里有多少感人的故事，就有多少次重整旗鼓的机会。强烈震撼着我们内心的是故事里的人物形象，而不是简单的文字。与那些华丽的辞藻相比，深深映在脑海里的人物形象更能让我们感动。所以，在痛苦的时候，就让那些故事在脑海中上映吧。

　　不仅是让人振奋的故事，那些能够安慰心灵的故事也能给你带来幸福感和继续坚持下去的力量。除了伟人的故事，有时身边人的感人故事也能让我们振作起来。

　　所以，每当你遇到困难时，就去回想这些故事吧，它们会成为你的精神食粮。

　　我希望你能够从真正让自己心动的故事中获取有温度的人生经验。

行为习惯
思维习惯
情绪习惯
环境习惯

SWITCH 39

Q: 有没有一个故事曾给过你继续下去的力量？

A: 动画片《灌篮高手》中的安西教练曾说过这样一句话："如果你现在放弃，这场比赛就结束了。"这句话让我深受鼓舞

价值思维：发现做这件事的意义

如果你能够理解做这件事的意义，那么再难也能坚持下去

太麻烦了，真烦人

这么令人讨厌的工作原来还有特别的意义呢

我想和大家分享这样一个故事。

一天早晨，有个男子在海岸边散步，他发现有无数只被海浪拍到岸上、暴露在阳光下即将死去的海星。

面对这种异常的情景，他感到有些茫然，忽然他看到远处有一个年轻的女子拾起一只只海星，把它们抛回了大海。男子走近那个女子，对她说："你难道不是在浪费时间吗？有这么多海星呢！你这样做到底有什么意义呢？"

听了这话，那个女子将自己脚下的一只海星拾起来用力地扔回大海，说："可对于这只海星来说有意义啊！"说完，她又去伸手拾起另一只海星，继续做着这件有意义的事情。

这位女子告诉我们：做一件事情的意义不是被他人赋予的，而是要靠我们自己去发现的。

刚参加工作时，我遇到的一个棘手问题是"接听打到店里来的投诉电话"。当时店里有这样一个规定：负责处理投诉的不是卖出商品的那位销售员，而是当时接电话的那个人。

接听投诉电话是谁都不喜欢的工作。我开始也尽量避免去接收银台前的电话，但是我越回避，就越觉得这些电话是专门打给我的，逃也逃不掉。

后来我想，如果再这样回避下去，精神压力就会越来越大，于是我决定干脆直面这件事。我把处理投诉理解为"培养沟通能力"，说服自己积极地去面对。我要与愤怒的顾客产生共情，小心谨慎地说出每一句话，争取对方的理解。它要求我具备推测对方心情和意图的能力、瞬间想出理由的脑力，以及面对激烈的言辞无所畏惧的胆量。

我发现这些也是每一位成功人士所必备的能力。我只要一这么想，厌烦的情绪就会缓解许多。在赋予了它意义之后，我不再觉得接听投诉电话是一件棘手的事，而处理投诉也变成了我的一个强项。

Q: 对于暂时的挫折，你会赋予它怎样的意义呢？

A:

我的领导很严厉，这也不是一件坏事，至少我的"抗打击能力"有了明显的提高

我被调到别的部门了，很不爽。但这也是一次换个角度了解公司的机会

联想思维：想一想以前的成功经验

结合以前的成功经验想一想，总会有一些灵感

这次的情况和上次一样啊，我明白了

过去的经历

当你遇到自己从未经历过的场面时应该如何应对？如果你能结合自己以往的经验去理解，就能沉着、冷静地应对。

我从 40 岁开始学习空手道，每周都要去练习。当时是为了引导孩子学习空手道，我这个做父亲的才不得已陪着去学的。但在不知不觉中，我自己却沉浸其中，真正开始练起来了。

在第一次上场比赛的第二个回合中，我被对手猛地踢了脸，手和脚的动作几乎都没出就输了。从那以后，由于恐惧心理作怪，每当遇到有实力的对手时，我总是迟迟不敢进攻。

当时，我向拿过日本空手道比赛冠军的教练请教："怎样才能克服恐惧心理呢？"他说："你只要不断练习，就能克服。"我一开始很相信他的话，但是，每次遇到强劲的对手，恐惧心理还是会向我袭来。我开始有些怀疑，这样真的能克服吗？

我试图回想自己有没有类似的体验。演讲是我的一项主要工作，在别人面前讲话对我来说就如同家常便饭一样。因此，别人常常问我："在演讲时怎样才能做到不紧张呢？"

我有时也会把演讲技巧告诉对方，但我也总会说："最终还是看你的演讲场次！"演讲的次数多了，即使不能消除紧张感，也不至于被台下的气势压倒。因此，最重要的是你要创造在众人面前讲话的机会、不断地积累经验。

我知道，对于想马上从那种强烈的紧张感中解放出来的人来说，这算不上完美的回答，但这是我的真实感受，我只能实话实说。

我注意到，空手道和演讲这两件事在某些方面是一致的——参加空手道比赛时你会有恐惧心理，演讲时你会有紧张感。"想马上克服"这一心理也是相似的。我如果把演讲的成功经验运用到空手道上，就可以理解教练说的话，也能想象出克服恐惧心理之后的美好画面了，当然我也就理解了每天训练的重要性。

当你很难理解一件事时，请像这样结合自己的成功经验想一想吧。

Q: **你用联想思考法解决了什么问题？**

あなたへの質問

A:

结合自己玩橄榄球的经验，我找到了能够坚持学习英语的秘诀

结合做销售工作的经验，我学会了夫妻间如何相互信赖

成长思维：你可以换个说法

换一种思考方式，你就会发现自己能做的事

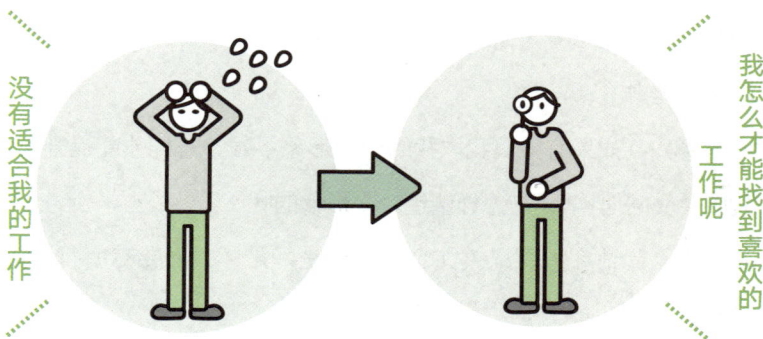

没有适合我的工作

我怎么才能找到喜欢的工作呢

　　一位作家曾在一场演讲中介绍了"7个习惯"。在提问环节，有一位30多岁的男士提出了这样一个问题："我找不到自己想做的事情，怎样才能找到我一生都喜欢的工作呢？"作家回答他说："请问您寻找了多久呢？'找到'是'寻找'这个行为的结果！您为了找到喜欢的工作，采取了哪些行动呢？"

　　"不，我几乎什么都没有做……"提问的男士不知该如何说下去，作家则提出了这样的建议："您不去找怎么能找到呢？您首先得付诸行动。"

同样的道理，"找到""明白"都是结果，而"寻找""探求""学习""尝试"则是自己可以控制的行动。

我还发现一个问题，如果你对一种说法稍加改变，就可以改变思维方式。再看刚才所举的例子，你不要说"找不到自己想做的事情"，而应该说"我要寻找自己想做的事情"。

对于"我不知道怎样才能提高效率、减少加班"这句话，你应该转换成"我要学习并尝试减少加班的方法"。"不知道"这个词会让你停止思考，但是如果你能使用"学习""尝试"这些词，就会有动力。

例如，如果有人问我"我的个人形象不好，怎样才能提升"，我就会反问他："你是怎样塑造个人形象的呢？"

所以，请你不要只关注个人形象是好是坏，而要有所行动。"塑造"这个词蕴含着力量，有成长的余地。

- 被动性词语：找不到、不会、不明白、太难。
- 主动性词语：尝试、学习、寻找、探求、培育。

有好的思维习惯的大脑可以将被动性词语置换成主动性词语，这样一来，思考就有了变化。

Q: 你尝试过把被动句转换成主动句吗？

A:

あなたへの質問

我不应该说"我的英语没有丝毫进步"

我应该说"我要想办法取得进步"

行为习惯

思维习惯

情绪习惯

环境习惯

"生活禅"思维：任何事物都有它存在的价值

干哪一行都有价值

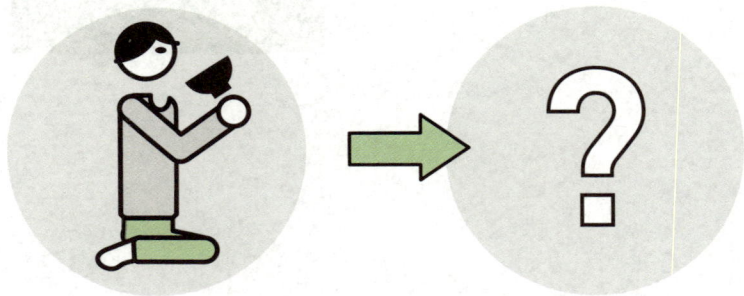

我们喝的茶从身体里
排出去后还是"茶"吗？

当不顺或不幸的事情连续发生时，我们就很难做到一直保持积极向上的心态。针对这种情况，我接下来要讲一个故事，希望这个故事能让你的心情变得轻松一点。

日本禅宗大师铃木大拙先生在自己年轻时曾向当时已是高僧的释宗演请教一个问题。

铃木大拙说：“我参禅也好几年了，可至今依然什么都不懂，像我这样的人是无法领悟到禅宗的精髓的。”

高僧把一杯茶拿过来给铃木大拙看，问道：“这是什么？”铃木大拙说：“是茶。”

话音刚落，高僧就在他面前把那杯茶一饮而尽，问道：“那么，茶去了哪里？”

“当然是在您的肚子里。”铃木大拙回答。

接下来，高僧说道：“茶和我今天早晨喝的粥都在我的肚子里，但它们迟早会排出去。我问你，排出去的还是茶吗？”

铃木大拙回答说：“我认为应该是其他东西……”

高僧说：“如果是其他东西，那么我再问你，喝下去的茶到哪里去了？什么时候可以称之为茶呢？”

铃木大拙感到难以回答，只好说：“这个嘛……”

高僧这样说道：“其实没有绝对的分界线。刚才你说那是茶，可在我看来那是生命本身。在被开水泡成茶之前，茶叶是一种不断生长的东西。茶的种子吸收水分、接收阳光，在含有各种营养的土壤里孕育生长。从遥远的过去到遥远的将来，我们在生命的历史长河中一直被滋养……这些乍一看似乎没有任何意义的现象其实都是有意义的，它们在该发生的时候就自然而然地发生了……被踩碎的果实、被打死的野兽的尸体都有过去和现在，它们都会对看不见的未来带来影响，成为某种物质的基础。”

"大概就是这样吧！对于这些道理，我也不是特别明白。那么，今后还请你多多关照。"最后，高僧用简短的话结束了对这个公案的讨论。而我的这个故事也就讲到这里。

人生经历的一切都有意义，如果你这样想，就会对眼前发生的事情有不同的见解

一切事情都有意义

独立创业的前 3 年，我在咨询领域一直没有存在感，备受煎熬。我尝试过做理想顾问、销售顾问、动机顾问、早会顾问等，每次遇到朋友或熟人，他们都会开玩笑，问我是不是又换名片了。但是，无论我做哪一行进展都不顺利，我始终没有找到自己的职业定位。

经过长期不断的摸索，走了很多弯路之后，我才最终找到"习惯顾问"这个职业定位。这中间没有任何捷径，一切都有意义，都是必要的，现在我终于明白了这个道理。

生活暗藏着伏笔，在漫长的人生中，你所经历的所有事情都有意义。认识到这一点，你就会对眼前发生的事情有不同的见解。

Q: 你认为自己所做的事情有意义吗？

あなたへの質問

A: 虽然目前我的工作比较枯燥乏味，但这会为以后的发展打下坚实的基础

我把这个文件整理好，大家用起来就方便多了

感恩思维：我要说声"谢谢你"

如果常怀感恩之心，你就会感到幸福

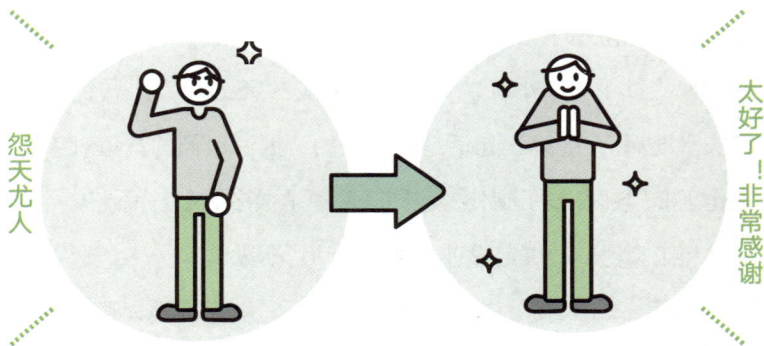

怨天尤人 → 太好了！非常感谢

"自从懂得感恩以后，我就不再有烦恼了！"

有关"幸福学"的调查结果表明，懂得感恩的人一般都心胸宽广。幸福的人有一个共同点，那就是他们常常心怀感恩。当怀感恩之心，就有了幸福的可能性。

我以前为一家大型化工企业做过有关思维习惯的培训。根据发展需要，企业把化工装置转移到了国外，60 名员工将被派到国

外工作，他们对此都非常不满。

"能不能想办法让员工们积极地看待去国外工作这件事情呢？"企业领导向我提出了这样的请求。虽然我觉得这很难实现，但也想尽力帮助他们，便去了那家企业。

在培训会上，我先让大家把现在的不安和不满全部吐露出来，大家可算有了说话的机会，开始一股脑地抱怨起来："要留下家人去国外，我不放心。""文化和饮食习惯都不一样，我心里不爽。""我没有离开过家乡，突然让我去国外工作，太过分了！""还不能带孩子去。""一个人太寂寞了。"

大约过了一个小时，有一个员工说："不过，有工作还是值得庆幸的啊。"他说这句话是有原因的，据说他们的竞争对手也把化工装置转移到了国外，但同时裁掉了很多员工。而这家企业通过与工会协商，决定只进行人事变动、不裁员。

"是啊，如果我下岗了就没有地方去了。"渐渐地，我开始听到其他人也这么说了。在这场持续 3 个小时的培训会上，虽然不是每个人都能积极地看待到国外工作这件事，但确实也出现了很多积极的声音。

据说，容易陷入消极情绪的人如果开始写"感恩日记"，他的烦恼就会变少。因此，在面对容易让你产生消极情绪的事情时，如果你心怀感恩，就会觉得"那件事情本身就是好事情"。常怀感恩之情，你的想法就会发生变化。

Q: 你有没有试过每天都写一篇"感恩日记"？

A:

あなたへの質問

今天同事又邀请我一起吃午饭了，谢谢他

妻子每天都做好晚饭等我回来，谢谢她

第3章

掌控情绪的
15种微习惯

找到自己想做的事情

有温度的习惯

请大家试着用平常心感受一下自己能体验到的情绪吧。

- 积极的情绪：安心、放松、自我肯定、成就感、感谢。
- 消极的情绪：不安、焦虑、自我厌恶、挫败感、后悔、恐惧、绝望、担心。

请问，你体验哪一种情绪的时间更长呢？

我们在行动和思考方面各有不同，在情绪方面也同样如此。我把它叫作"情绪习惯"。要想度过幸福的人生、有所成就，就要拥有良好的"情绪习惯"。

当我们忙于工作和生活时，就无暇顾及"情绪"，甚至往往会认为把情绪隐藏起来做事更有成效。但是，如果没有良好的情绪习惯，情绪就会不断影响行为习惯和思考习惯，你的生活和工作就没有满足感。

在积极心理学中有"3∶1法则"这一概念。人要想感受到幸福，积极情绪和消极情绪的比例就要为 3∶1。

这个法则的有趣之处在于，它并没有说不需要消极情绪。如果没有不安就不能做好准备，没有焦虑就产生不了效率，没有适度的自我厌恶感就不会反思自己。因此，那些看似消极的情绪是人生中所必需的。

虽说如此，我们也要控制好消极情绪所占的比例。如果这个比例反过来，即积极情绪和消极情绪的比例为 1∶3，你就会经常被不安、焦虑、无力感、自我厌恶感所困扰。

谁都有过消沉的时候，你是一直消沉下去，还是马上就能从消极的情绪中走出来呢？这两种情况导致的结果是完全不同的。因此，我在做微习惯的指导时，经常先听对方讲述这方面的烦恼，同时把焦点放在对方的情绪上，观察对方当时的心理状态。

例如，当对方的生活被一些不好的行为习惯搅乱时，我几乎可以断定他的情绪习惯也出了问题。工作和生活变得一塌糊涂，他想通过深夜喝酒、暴饮暴食等方式消除精神压力。精神压力越大，越容易陷入不好的行为习惯。

此外，当你有"不知道自己想做什么""找不到自己喜欢的事物"这样的苦恼时，就要换个角度看待自己的情绪习惯。

其实，答案不在外部，而在自己的内心。除非意识到这一点，否则你会一直在原地打转。这时，最重要的是去挖掘沉睡在内心深处的"着迷"和"狂热"这两种欲求。如果这两种欲求爆发，感情的巨大能量就会喷涌出来，你就会找到答案。

那么，这种强烈的感情从何而来呢？其实它是从信念和本质这两种力量中诞生的。有的人相信"自己能做"，有的人认为"自己不会"，这两种人哪怕处在同样的状态下，产生的情绪也完

行为习惯

思维习惯

情绪习惯

环境习惯

全不同。前者能够感受到希望、可能性、干劲，而后者的内心却被绝望、无力感所占据。

所谓本质，就是人与生俱来的欲求和特性。其实，每个人所感知的舒适的世界都是不同的。有的人达成目标就会感觉到幸福；有的人通过平日里与人友好密切地交往来提升幸福指数；有人经常通过追求有创意事物而感受人生的丰富多彩；也有人喜欢过着平淡的生活。这些都没有必要去改变，你只要选择一种自己喜欢的生活方式，顺其自然就好了。

史蒂夫·乔布斯在斯坦福大学演讲时说过这样一番话："我认为最重要的是具有按照自己的本心和直觉做事的勇气。您的本心和直觉懂得您自己真正想做什么，其他事情都是次要的。"

有人提出疑问："那么，怎样才能按照本心和直觉做事呢？"乔布斯回答道："其实这个问题是不需要思考的，它是人的内心和灵魂层面的反应，你要做的只是去锻炼你的感知力。"

最后一个简单的问题："这样做了会不会开心？"这是在向我们的内心深处发问，我们要去感知自己的内心，并且养成遵循本心的习惯。我们要让内心深处的积极情绪多一些，让消极情绪在可控范围之内。比例合理了，良好的情绪习惯就养成了。

塑造情绪习惯的两种力量

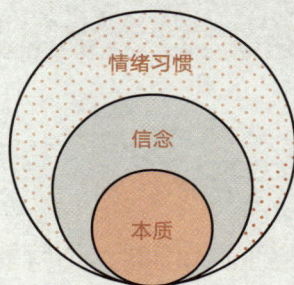

情绪习惯

信念

本质

行为习惯

思维习惯

情绪习惯

环境习惯

高能的情绪：减少放电，增加充电

当内心的能量达到最大值时，你就能够获得极大的满足感

充电

在上下班的地铁上
听自己喜欢的音乐

锻炼身体

放电

大吃一顿

为了塑造好的情绪习惯，你最好先分析一下让自己的情绪发生改变的原因。一天当中，让你心情低落、精力下降的因素是什么？

- 本打算早起，却睡到 7 点半才睁眼。
- 午饭吃得很饱，犯困。
- 要洗的衣物堆积成山。
- 工作有压力，骂孩子。
- 家里还没有收拾，乱七八糟。
- 本来约好和朋友聚餐，却被"放鸽子"。
- 上周就应该交的报告一直拖到今天还没写。

我想每个人都曾有过上述情况吧？这些情绪会降低你的能量。我把这个清单称作"放电清单"。我们要把这些夺走内心能量的东西列出来，只有了解清楚了才能设法将它们清除。

那么，清除了这些放电因素，内心就能丰富起来吗？也不尽然，因为这样做只是清除了你内心的负能量而已。

那么，让我们看看一天当中，让你的好情绪爆棚、精力提升的因素是什么？

- 在书房里悠闲地读了半小时小说，很放松。
- 在地铁上听摇滚音乐，很酷。
- 去健身房出出汗，很爽。
- 听着轻音乐写了一篇日记，很解压。

行为习惯

思维习惯

情绪习惯

环境习惯

SWITCH 45

- 全家人一起出去吃饭，很开心。
- 报告写得不错，被领导表扬了，很有成就感。

我想把这份清单称作"充电清单"。如果你一整天都在"放电"，就要写出"充电清单"，以防你的"能量电池"被"饿死"。写下清单本身就是一种提升内心能量的行动。所以，请务必在一天将要结束时回顾一下，写出今天的"放电清单""充电清单"和总体充实度。

回顾这件事是非常重要的，它能帮你扫除残留在内心的精神压力并让你愉悦起来。慢慢地，"放电清单"的内容就会变少，"充电清单"的内容就会增加，良好的情绪习惯也就养成了。

Q: 对你来说，"放电"和"充电"行为分别有哪些？

あなたへの質問

A:

熬夜、酗酒、低效加班，这些都是"放电"行为

在家里悠闲地泡个热水澡、读一本书，这些都是"充电"行为

投入的情绪：感受你的心流

瞬间集中注意力能减小精神压力

"脑力全瘫"的状态
（心不在焉）

"脑力全开"的状态
（瞬间集中注意力）

当你全身心投入一件事时就会获得充实感，当你心不在焉时就会感觉到精神压力。如果你把 100% 的精力都放在眼前的一件事情上，那么哪怕每天都很忙碌，精神压力也是很小的。"那个也要做，这个也忘记了"，当你的意识和行动分散在几件事情上，大脑就会感受到精神压力。

精神压力来自对过去的不甘和对未来的不安。有一段时间，冥想特别流行。在外企工作的精英为了缓解精神压力、更加投入地工作，每天都会留出冥想的时间。

我也曾经特意去镰仓的圆觉寺里冥想。冥想其实很简单，你只要坐在那里伸直后背，数着呼吸就可以了。最初的 10 分钟你会感觉有杂念涌出来，心不在焉的状态会持续一段时间，但是不久你就会进入只有呼吸存在的全身心投入状态。虽然这还算不上心无杂念的境界，你却能够感觉自己就存在于"此时此刻的瞬间"，内心仿佛进入深渊般的宁静境界。

当你全心全意地做一件事时，就会只关注某一个瞬间，从精神压力中解放出来，让心灵得到治愈。我们在冥想时注意力会集中到呼吸上，会努力让自己远离琐事和烦心事。当我们潜入平和静寂的内心深处时，那些以前扰乱内心的东西就显得微不足道了。

内心的沉静将把你带入一个平和的世界里，你能看到以前因陷入压力而忽略的东西，整个人都会变得豁达起来。

除了冥想，你也可以走进大自然，还可以去运动。另外，找到让自己着迷的工作也可以让你更加专注。在工作中，一次只做一件事情也算一种全身心投入。

相反，酗酒、沉迷网络等行为虽然也可以让你暂时忘记其他事情，但一旦失控就会很麻烦，这样不仅会让你损失金钱，还会给你的身心健康带来危害。

Q: 你是怎样做到全身心投入的?

A:

只要慢跑 20 分钟,我就能进入全身心投入的状态

只要在房间里听喜欢的歌,我就会沉浸其中

行为习惯

思维习惯

情绪习惯

环境习惯

SWITCH 46

163

主动的情绪：夺回生活的主动权

如果能够掌握生活的主动权，你的幸福指数就会提升50%

自己规定早起的时间

自己规定关闭手机的时间

从早晨8点

到晚上10点

早晨花10分钟制订计划，开始一天的工作

要想拥有积极的情绪，就要夺回生活的主动权。在幸福公式中，"自发活动"掌控着 50% 的幸福。

我曾写过一本书叫作《早起的技巧》。在这本书中，我带着大家一起发现了早起的更多优点。

我们每个人想早起的理由都不同，如"想学习英语""想早点上班以便制订工作计划、开启一天的工作""想跑步""想有空闲时间""想改掉自己熬夜的毛病"等。如果仔细追问下去，就会发现我们想早起的根本原因不是被人命令，也不是受时间所迫，而是我们想夺回主动权。

主动权、自我控制感在很大程度上左右着我们的幸福感。在大家希望养成的微习惯中，"早起"这一项始终名列前茅。

然而，主动权并不只是停留在起床的时间上。

"懒得动""疲于应付各种聚会""被领导指挥得团团转"，如果你有被指挥、被追赶、被驱使的感觉，你的幸福指数就会下降。相反，如果你有一种生活可以由自己掌控的感觉，你的幸福指数就会提升。

为了夺回主动权，我给大家一个建议：请你先写出自己被什么所束缚，然后制订一份计划并执行下去。这样做的话，你的情绪就会发生改变。

- 早晨比以前提前一个小时起床→你可以从忙乱中解放出来。
- 早晨花 10 分钟制订一天的工作计划→结束被工作追赶的

窘境。

- 来到公司先不看邮件，用 30 分钟集中精力写报告→ 不被突发性工作所干扰。

- 比约定时间提前 15 分钟到达→ 以防因地铁晚点或堵车而产生急躁情绪。

- 每天晚上 10 点准时关手机→摆脱手机依赖症。

- 每天写日记，回顾一天都做了什么→即使忙碌了一天也很有成就感。

当你被消极情绪所驱使或感到积极性下降时，行动就会变得被动。为了扭转这种局面，你可以仿照上面的例子，为自己"私人订制"一个简单的规则，夺回生活的主动权。

Q: 为了夺回生活主动权，你会制定怎样的规则呢？

あなたへの質問

A:

在每周一例会开始前，我会先弄清楚会议的目的和要达成的目标

每天早晨我都要在公司附近的咖啡厅里学习 30 分钟

方法 48 好奇的情绪：做 10 件让自己心动的事

如果你做了 10 件让自己心动的事，那么你儿时的好奇心就会再次造访

行为习惯

思维习惯

情绪习惯

环境习惯

SWITCH 48

167

童话作家梅特林克曾说过："在这个世界上，能让你感到幸福的事比你认为的多很多，一般人却发现不了它。"

生活需要心动的时刻。

你有没有下面这些烦恼呢？

- 我每天过着"公司—家"这种两点一线的生活，日复一日，没有改变。
- 我没什么兴趣爱好，不知道下班后做什么好，无所事事。
- 我觉得生活没有任何变化，一年时间转眼就过去了。

如果你每天都过着程式化的生活，感到有些无聊，那么我建议你多创造一些让自己心动的时刻。

有一年夏天，我列了一个"心动清单"，写下了 10 件让我觉得心动的事。无论哪一件，对我而言都是新的挑战，我想通过这些新体验拓展自己的世界。我把这个清单公布在 SNS 上，宣布自己要在一个月之内完成这些事。

1. 体验钓鱼。

2. 尽情地打高尔夫球。

3. 一个人去酒吧，回忆人生。

4. 和家人一起去吃烤肉。

5. 体验一次打太极拳。

6. 旁听一次法院的判决。

7. 登一次高尾山。

8. 去售楼处看看。

9. 和家人一起去海边玩。

10. 开一次水上摩托艇。

一个月以后，你大概会看到这样一幕景象：我以 45 千米 / 小时的速度骑着水上摩托艇，沿着美丽的江之岛海岸航行，眺望晚霞和富士山，沉浸在完成了 10 件事的成就感之中。我有时也把家人拉进来，一起享受这些快乐。现在，我每个月都会列出一个"心动清单"，好奇的情绪让我能够充分享受人生。

如果能找回你的好奇心，你就能在日常生活中感受到快乐，也能培养出良好的情绪习惯。

生活需要突破，不要让你的思考方式和生活方式限制了自己。拥有好奇的情绪，你就会发现更多有趣的事情。试试做出一些心动，甚至"出格"的事吧，你的人生可能会迎来转折。

请摆脱固定模式，走进一个新奇的世界吧。好奇心越强，你眼前的世界就越丰富，人生的选择也就越多。

行为习惯

思维习惯

情绪习惯

环境习惯

SWITCH 48

169

Q: 你在这个月的"心动清单"里都列了什么？

A:

あなたへの質問

我要去看一看一直都让我神往的丝绸之都

我想去长野的森林，让自己享受一次"森林浴"

世界因信念而改变

"你认为自己行，你就能行；你认为自己不行，你就不行。"
这句话听起来像一种精神论，但其实是一种信念。

信念是我们在儿童时期受父母和周围环境的影响所形成的，
是比思考习惯更不易察觉的、存在于人内心深处的东西。

相信"只要去做就能成功"的人会强化这一想法，让自己进
入一种良性循环的状态；相反，相信"我不会"的人，随着一次
次的失败，"我不会"这种信念会越来越强烈。

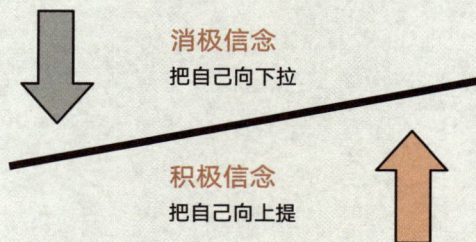

消极信念
把自己向下拉

积极信念
把自己向上提

当你遇到困难时，消极信念会让你意志消沉、放弃目标，如
"没有人爱我""我不行""如果达不到完美就没有意义""我不能
被人嫌弃""别人都不可信""我不能失败"等。如果让消极信念

占了主导，就会阻碍你的行动，即使你有想做的事情也迈不出那一步。

相反，积极信念可以推动我们前进，促使我们达成目标，如"如果我愿意做的话就会成功""我运气好""我只要行动就一定有出路""大家都支持努力的人"等。这种积极信念最终会带来成果和幸运，人生也会随之进入螺旋上升的状态。

看待世界的角度不同，我们的情绪也会发生很大的变化。我们要放大积极情绪，也要学会掌控消极情绪。我将在方法 49 至方法 54 中讲述产生消极情绪的原因，以及如何将其转化成积极情绪。

戒掉否定的情绪：接受真实的自己

不是"差距"，而是"不同"

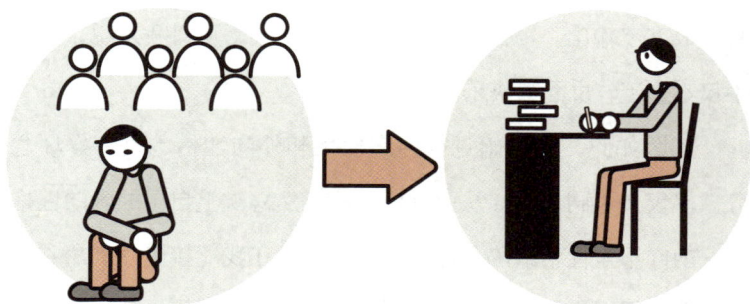

性格内向，不能融入集体　　　　　不和别人比，坚持写作

我一直羡慕性格外向的人。

小时候，我喜欢把自己关在家里做猜谜游戏或搭积木。父母常常鼓励我出去玩，但每当我面对那些踢球踢到太阳落山的性格外向的同学时，我就会感到自卑。

长大以后，每当看到会冲浪的人或会跳舞的人，我就很羡慕，想去模仿人家，但总是觉得力不从心。

性格内向的我在做讲师的时候，必须给自己打气才能尽量不怯场。相反，同样做讲师的朋友却是一个地地道道的性格外向的人，据说他和别人聊上 24 小时也不觉得累。我非常羡慕他那种开朗的性格。听说我出了书，我的这位朋友惊叹道："你可真行！居然能坚持写这么多内容！我要是在家里创作一个星期就会疯掉！"

听了他的这番话，我才感到原来内向的人也有优势。的确，我常常好几个星期都闷在家里，反复思考，再把思考出来的内容转化成文字输出。写作本身就是孤独的工作，可对我来说，写作不仅不痛苦，反而很快乐。

正因如此，我开始觉得内向性格和外向性格本没有好坏之分，仅仅是不同而已。从此以后，我竟然喜欢上自己的内向性格了。内向不是性格缺陷，而是一种优势，在我能接受并利用它之后，我就慢慢有了成就感。同样，我也开始试着接受自己容易厌烦和心急的一面，学会从不同的角度看待问题。

但需要注意的是，这与一味地自满完全是两回事。我们要接受真实的自己，要进行稳定的自我评价。接受真实的自己就是在与别人相比时，要把认为是"差距"的东西理解为"不同"。奥斯卡·王尔德曾说："爱自己，那是持续一生的浪漫爱情故事。"接受真实的自己就要持续一生，而并非一时。

假如你总想与不同类型的人相比，并且试图摆脱本来的自己，那真是一种不幸。只有接受自己的天资，并与那些能够接受自己的人待在一起，你才能活得更像你自己。

Q: 你能否接受自己的秉性？

A:

我总是喜新厌旧，但我想厌倦也是好奇心旺盛的一种表现

他们总说我太敏感，但敏感是一种重要的"探测器"，它能让你更温柔地对待别人

戒掉讨好的情绪：没有附加条件的爱

生活已经很艰难，有时也要放自己一马

深信自己不努力就不会得到大家的爱

我要为妈妈努力拼搏

如果我努力，就会得到妈妈的赞赏

即使我不努力，也会被大家所爱

在公司上班的 B 同学每天早晨 4 点起床，给孩子做饭。她在工作中要用到英语，所以她每天都要提前 1 个小时去上班，到了公司之后先学习英语。

由于孩子还小，她选择了做钟点工。因为她工作时间短又不放心把工作托付给同事，事事都要自己扛，结果导致她经常加班。

她每天都是放下未处理完的工作去接孩子，做好晚饭，然后让孩子洗澡睡觉，再加上她还要为晚归的丈夫准备下酒菜，自己根本没有余力做其他事情。

就这样，她过着从早忙到晚的生活。她一直都在拼命地工作、学习、照顾孩子，做着家庭主妇应该做的一切。她总是硬撑，以至于每年都会大病几场。

她虽然嘴上说着"放松也很重要"，但因为追求完美，她容不得丝毫马虎，所以根本放松不下来。

其实导致她这些行为的根本原因，就是存在于思维习惯基础之上的信念，也可以称之为"固有观念"。

B 同学说她小时候看到妈妈因爸爸工作太忙而吃尽了苦头，她想让妈妈高兴，于是就经常帮妈妈做家务，同时也不放松自己的学业。

妈妈曾经夸奖她："你可真是一个勤快的孩子啊，你是妈妈的骄傲。"于是她从小就有一种观念，即"如果我努力，妈妈就更爱我"。

　　直到 B 同学长大成人了，她心中依然住着那个"努力拼搏、想得到妈妈的爱的小姑娘"，她时刻都不敢放松。

感到孤独时，请想想无条件地爱着自己的那些人吧

　　谁都渴望被别人爱，我们在小时候就会被灌输诸如"为了得到爱我要这样做"的想法："如果努力""如果对人热情""如果同大家和睦相处""如果成为一个好孩子"等，这些成了我们被爱的条件。反过来讲，如果不满足这些条件你就不会被爱。上面提到的 B 同学就是因为持有"为了被爱，必须努力"的观念，才一直那样逞强。

　　后来，B 同学把这些感受讲给妈妈听，据说老太太当时很吃惊，哈哈一笑说："是这样吗？"直到此时，B 同学才明白过来："原来自己不那么努力也会得到爱啊！"

　　每个人都希望拥有"被爱着"这种安心的感觉，如果你内心深处有"没人爱"的恐惧感，就要去努力寻找"被爱着"的感觉。

　　那么，有谁能够接受真实的自己呢？很多人可能都会想到的是自己的祖父母、父母或是学生时代的朋友。地位和名誉都不是被爱的绝对条件。当然，这样说不是想让我们不去努力了，我将在下文中阐述内心的积极性是如何促使着我们去行动的。

Q: 无论自己做得好不好，都会有人一如既往地爱自己，那个人是谁呢？

あなたへの質問

A:

> 我一想起小时候给了我很多爱的祖母，心里就会暖暖的

> 和老同学一起喝酒，我们有说不完的知心话

戒掉被外界左右的情绪：面对好评依然保持清醒的头脑

遵循自己的原则，就不容易动摇

和"我被爱着"一样，"我是有价值的"是人的一种本能的情绪，我们都在努力避免让这种情绪受到影响。

那么，我们做什么才能感觉到自己的价值呢？"考上名校""在工作中做出成绩""出人头地""年收入增加""被顾客夸奖"——这些都能让我们感觉到自身的价值。

当我们评价自己时，恐怕没有人会完全不受成绩、结果和他人评价等因素的影响，但如果我们把自我肯定感完全建立在这些外在因素的基础之上也会让自己感觉很累。如果以结果和他人评价来决定自己的价值，当它们都消失的那一瞬间，自我肯定感就会一落千丈。

拿我自己来说，我当初做销售工作时，总是很在意自己在销售额排行榜上的名次。但在我独立创业做咨询师以后，我的价值观就有所改变了。

销售业绩在很大程度上受公司分配给你的顾客数量所左右，也就是说，公司领导的决定就决定了你的自我评价。在咨询中，出于为顾客着想，即使顾客对我有意见，我也必须说出"忠言逆耳"的话。

如果遵从你的内心，自我肯定感就会提升

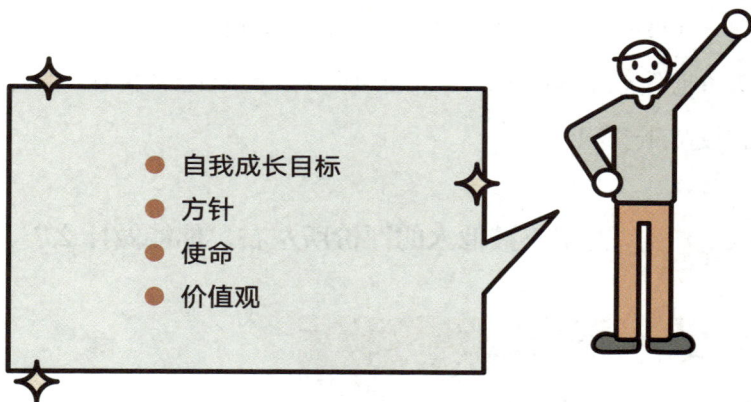

- 自我成长目标
- 方针
- 使命
- 价值观

我们怎样才能不被他人的评价所左右，发现自己独特的价值呢?

第一，要意识到自己的存在本身就是有价值的。艺术家约翰·拉斯金先生说过:"你活到了今天，仅仅在这一点上你就值得被赞赏。"所谓承认价值并不是妥协，而是接受那个不可替代的自己。

"工作中没有得到好评，难道你就没有价值了吗? "你可以这样问问自己。其实，自我价值是早已存在的东西，不会受成绩、结果和他人评价的影响而发生改变。

第二，要把自我肯定感的基础置于行动目标、价值观和使命等自己能控制的事情上，而不要置于成绩、结果和他人评价等容

易变化的事情上。自己正在踏实地做着自己该做的事情，这种自信应该成为自我价值评价的核心。

如果你过于在意别人的评价，哪怕只是被一个人嫌弃，自我评价也会大大下降。这时，重要的是自己承认自己的价值，把焦点放在自己身上。

Q: **为了不被他人的评价所左右，你能做什么？**

A:

尝试构建属于自己的生活美学

除了公司给我制定的目标以外，还要制定自我成长目标

あなたへの質問

戒掉不安的情绪：接受失败

不要为没有一直走上坡路而耿耿于怀，请放下这个包袱

没关系

"在万物凋零的寒冬，树根却向下伸展，不久就会开出大朵的花。"这是悉尼奥运会马拉松项目金牌得主高桥尚子的座右铭。当你挑战新的目标时，很可能努力了暂时也没有结果。这时，如果能够接受自己"处于得不到好评的低潮期"，你的心情就会变得轻松起来，就会有勇气继续挑战下去。

2016 年，我获得了公司年度最佳业绩奖，但由于太过忙碌，我也失去了享受工作的乐趣，幸福指数大幅降低。"销售额上涨""得到了客户的认可"，这些评价虽然让我一时感觉很舒畅，但为此就要给自己加压的话，难免会让人喘不过气来。"迄今为止最好的业绩"，这个评价听起来让人感觉很好，但你可能只是陷入了一种商业游戏。很多经营者因陷入这个商业游戏而欲罢不能，导致自己十分痛苦。

为了提升工作的幸福感，我决心从这个商业游戏中脱身出来，做好了"哪怕销售额暂时下降，变成赤字也没关系"的思想准备。为此，我拒绝了那些与我的职业设想不符的订单，减少了 40% 的工作量，从而为自己创造了更多提升的空间。

我用节省下来的精力和时间学习并制定长远规划。说实话，拒绝工作就意味着失去很多赚钱的机会，不免让人有些不安。每当这种情绪涌上来，我都会对自己说："这只是暂时的，没关系，从长远来看，业绩还是会增长的。"消除了这些不安情绪之后，我实现了精神层面的成长。正如"放手后你会遇到新的事物"这句话中所说的那样，更好的机会不断向我走来。

不走上坡路就会让人产生不安情绪。如果这种情绪让你感到痛苦，就请你把精力集中到值得努力的事情上，并不断激励自己（即便这样做有时并没有结果，有时得不到好评）。

我要强调一下，这不是单纯的懒惰，也不是妥协或放纵自我。稳定的情绪其实是在你还未看到阳光的痛苦时期，支撑你继续行动的一种力量。

Q: **对你来说，暂时的失败是什么？**

A:

为了将来成为一名成功的经营者，我放弃了很多与发展目标不一致的赚钱机会

戒掉慌乱的情绪：搜索过去的成功经验

找到一个成功法则，并把它作为你的信念

步骤 1 摸索成功经验

例如，在销售行业"吃香"的年代，我通过为顾客提供周到的服务，10 年来取得了连续稳定的销售业绩。

步骤 2 汲取教训

例如，如果能避免失误，尽全力把眼前的顾客服务好，我的业绩就会提高。

步骤 3 把它升华为人生智慧

例如，对眼前的事全力以赴，下一个机会就会属于我。

信念有消极的一面，但更多的是积极的一面。如果能够让积极的信念发挥作用，行动时你就会爆发出正能量。正如我在方法 29 中谈到的，我认为人生的成功与概率有关。

我有这样的信念，即"只要行动，成功就会在你面前敞开怀

抱"。凭我的经验，遵循这个信念并开始行动，就会有结果。经验会进一步强化这个信念，让我全力以赴。

对我而言，行动并不痛苦，因为我相信只要持续行动就会有结果。日本有句谚语是这样说的："运气好的话，只要你走出去说不定就会有收获；即便是性能再差的大炮，多打几发，说不定也会打中目标。"迷茫时立即行动起来不仅是我的信念，也是我不断成功的原因。当然，毫无疑问，积极的信念因个人经验不同而有所不同。

例如，"遇到对的人，人生就会改变""工作机会来自与人交流的缘分"，有这种想法的人没有把他的人生转折点放在行动上，而是放在了"人"上。

总之，每个人的成功经验都会成为他今后成功的种子，这就是我所说的积极信念。

因此，我们要从成功经验中寻找，并把这种信念运用到现实中，去解决问题、达成目标。

以上述步骤 3 为例，如果你将具体的体验抽象化，就能将自己为之全力以赴的信念用语言表达出来。让这个信念发挥作用，你就会变得积极主动；把它用到实际工作中，你就会找到让工作顺利开展的方案。

行为习惯

思维习惯

情绪习惯

环境习惯

SWITCH 53

Q: 你信奉的成功法则是什么？

あなたへの質問

A:

全力以赴，幸运就会降临

因为一个小小的善举，你也会被眷顾

戒掉消极的情绪：找到一个座右铭，将它铭记于心

把名言作为自己的座右铭

你打算怎样活下去，你的内心和直觉早已知晓

我的座右铭

　　为了树立一种积极的信念，你可以把伟人的名言作为自己的座右铭，然后再把它升华为自己的信念。这些名言会让自己更加奋进。下面，我想举一个自己的例子供大家参考。

"没有失败，只有反馈。"

——罗伯特·迪尔茨

对创业者来说，失败几乎无所不在。"摸着石头过河"这句话说起来容易，但如果你的公司接连不断地出现赤字，那可是相当痛苦的事情。每当遇到这种情况，我就会用这句话鼓励自己。如果你把出现赤字看成失败，那你就看不到希望；如果你觉得它只是一个提醒，它就会为你实现目标指明方向。

"你打算怎样活下去，你的内心和直觉早已知晓。"

——史蒂夫·乔布斯

即使你的生活比较充实，也会有自己该怎样活着、做出怎样的贡献等想法，太多的选择会让你犹豫不决。你可能会在不知不觉中向身外寻找答案，但如果你能想起这句话，就会再一次认识到，你更应该与自己的内心对话。

"人生就像背负着重担旅行，不能急着赶路。"

——德川家康

在未来的 1 年、3 年、5 年里，你想变成什么样子？如果你只看这几年，你就会变成"近视眼"。当我被眼前的利益和结果所吸引时，我会想起这句话。人生应以百年为计，将目光放远，去思考 10 年、30 年、50 年后自己将成为什么样的人。

"我要创造出一个比自己出生时更加美好的世界，再结束自己的一生。"

——本杰明·富兰克林

我要为多少人工作？我要影响多少人？我要出版几本书？如果想用数字来衡量自己一生中所要实现的事情和自己存在的意义，那么我很难有完美的答案。这样一句话或许更有价值——我想尽最大可能帮助别人活得更像他自己。这就是我每天工作的意义和动力所在。

如上所述，但凡看到打动我内心的话，我都会将它写到办公室的墙上，用来时时激励自己。我希望大家能够将名言和现实联系起来，反复同自己对话，最终将其升华为积极的信念。

Q: 同你内心对话的名言是什么？

あなたへの質問

A:

坚持不懈就会开花

不贪恋前人留下的东西，要追求自己的目标

行为习惯

思维习惯

情绪习惯

环境习惯

自我的本质是什么

"你想做的事是什么？""你的特点和优势是什么？""你想怎样度过人生？""对于你来说幸福意味着什么？"

面对上述疑问，你有过迷茫吗？其实，让你动摇的原因往往与你固有的性格、欲望等相关，你平日的行动和思考也都会受其影响。喜欢才能做好，能否继续下去取决于你真正的追求。

能否找到你真正想要做的事情，关键在于你能否遵照内心的指示，朝着自己设定的方向和目标前行。下面的例子就很好地诠释了这个道理。

我的一位客户 G 先生是小学班主任，他感觉自己过着从学校到家循环往复的单调日子。后来他向我咨询："我找不到工作的意义。有什么办法能让我从现在这种状态中走出来吗？"

于是，我请他回顾过去的经历，探求自己的欲望。

第一个发现的是"表现"的欲望。我问他："你想在什么样的活动中表现自己？"他说："我想玩爵士乐。"于是我立即上网搜索，发现在距离他家只有 5 分钟路程的地方就有一家爵士乐社团。他就这样进入了这个社团，与其他成员组成乐队，虽然都是业余爱好者，但他们每次演出都非常卖力。

小学班主任的工作很辛苦，他也曾想过辞职，专心玩爵士乐，但遭到了父母的反对。他对未来依然很迷茫。就在这时，一个玩音乐的伙伴给了他一个建议："学校老师这份工作还是继续下去为好，可你为什么不当音乐老师呢？" G 先生接受了这个建议，努力当上了一名音乐老师，指导学生学音乐。很多学生通过音乐发现了自己身上的价值。G 先生开始强烈地感觉到，自己能通过音乐鼓舞别人、改变别人，自己也更有自信了，这正是自己想要做的工作。他成功地找到了人生的加速器。

现在，G 先生经常在国外开演唱会，同时他也以音乐老师的身份指导学生学音乐，这两件事都让他感到很带劲。

每个人都拥有与生俱来的性格特质、使命和欲望，我把它们统称为"本质"。正如人们所说的"三岁看老"，这些"本质"在人的一生当中几乎不会发生改变。面对自己的本质，重要的不是强行改变它，而是接受它，尽力发挥它的积极作用。因为，如果你所从事的恰好是与你的本质相符的工作，你就会迸发出巨大的能量，收获丰富多彩的人生。

积极心理学学者约翰·艾卡先生在其著作中做了如下阐述：

"一般人认为追求成功是与幸福相关的，可是正如研究结果所表明的那样，其因果关系恰好相反，是由于追求幸福，才使得成功的可能性提高了。"如果把艾卡先生这段话中的"幸福"换成"喜欢、着迷的事"，即"由于追求喜欢、着迷的事，才使得成功的可能性提高了"，这样就很好理解了。单纯看我的那些客户的案例就可以断言，能持续取得成功的人毫无疑问都是在追求其本质（情感、信仰、使命）的人。

其实，我们不容易看到自己身上的优点，却总将目光看向外部世界，以求正确答案。我们都在朝着与自己的本质不相符的方向努力，当进展不顺利的时候，就会陷入自我厌恶的情绪。

如果我们能够发现产生狂热和着迷的深层次欲望及驱使自我的使命，就会有无穷无尽的积极性迸发出来。理解了自己的本质，你就会明白所谓活得像你自己指的是什么，幸福的关键在哪里。为了解这些，我想必须把话题延伸到自我欲望、他人欲望，还有超越自我欲望这些领域。

G 先生通过追求本质找到了自己真正想做的工作，将生命的罗盘重新指向内部。人的情感如同大海，表面和深层呈现出完全不同的状态。我在书中只能做部分说明和解释，希望大家能在此基础上多方面、多层次地去理解。

分清"应该做"和"想做"

如果不明白自己的真心，就问问自己是"应该做"还是"想做"

这是我的责任

我满心期待

一个化工厂负责销售的男士前来咨询："我很迷茫，不知道要不要继续现在的工作。"我反问他："那么您认为应该把现在的工作继续下去吗？"他一副痛苦的样子说了声"是"。他列举了一系列问题，如经济问题、家人的态度、作为科长的责任等，他觉得这些是自己应该继续下去的理由。

接下来我问他："您想继续现在的工作吗？"结果他的回答是"不"，这说明如果没有其他原因，他其实是想辞去现在的工作的。

"那么，您辞去现在的工作后，想做什么呢？"听我这样一问，他说自己想成为心理咨询顾问。因为每次看到学生逃学和学校里的霸凌现象，他都很想伸出援助之手。

当他不知如何是好的时候，他总是让理性占了上风，而没有直面自己的内心。后来他意识到，想辞去工作的是自己的内心，认为应该继续下去的是从现实考虑的自己。

这位先生最后做出了这样的决定："我以后会离开这家公司，做一名心理咨询顾问。但是，在我家孩子大学毕业之前的这七年里，我会继续做现在的工作，以便取得稳定的收入。"这样下定决心以后，他就开始考虑在这七年时间里，为了成为心理咨询顾问应该学习什么，应该参加哪些活动等。就这样，他把目光转向未来，开始利用周末时间开展一些心理咨询活动。

在这件事情上，我只是帮他分清了"应该做"和"想做"这两个问题而已。

正如史蒂夫·乔布斯所说，我们的内心和直觉早已知道自己想做什么。"那是我想做的吗？还是我应该做的？我那样做开心还是不开心？"如果你能学会像这样扪心自问，答案就会明了。

如今，这位男士一提到关于心理咨询的话题，就会滔滔不绝、充满激情。

　　请你也问问自己，对于某件事到底是"应该做"还是"想做"呢?

Q: **那件事是你应该做的，还是你想做的?**

あなたへの質問

A:

我认为应该坚持运动，可我打心底里就不想运动

我认为应该去参加公司的聚餐，但实际上并不想去

了解自己的性格类型

通过"九型人格"，了解"情感原理"

第 1 种类型：追求完美的人

- 责任感强，做事严谨、认真。
- 内心有很高的标准，常常认为"应该怎样"。
- 做事一丝不苟，为了更接近目标，能够吃苦耐劳。
- 现实、有理性，有正义感。

第 2 种类型：助人为乐的人

- 友好、热情，很看重人际关系、家庭纽带。
- 体贴他人，关心他人。
- 当察觉到别人有需要时会主动提供帮助。
- 他人高兴，自己就会高兴。

第 3 种类型：看重成就感的人

- 有自信，想问题合理。
- 积极向上，具有"只要做就会"的信念。
- 朝着自己的目标努力，希望得到他人的高度评价。
- 性格冷酷，也有容易受伤、敏感的一面。

第 4 种类型：追求个性的人

- 细腻、感性、敏锐，追求美丽而深刻的事物。
- 能意识到自己与他人不同。
- 刻意与他人保持距离，给人一种难以接近的距离感。
- 内心有想创造传奇的倾向。

第 5 种类型：善于观察的人

- 典型的思考型人格，非常理性。
- 可以集中精力去学习知识和技术，有自己擅长的专业领域。
- 不会卷入事情的漩涡中，懂得退让。
- 有较强的观察能力和分析能力。
- 观念新颖，喜欢通过自己的思考得出结论。

第 6 种类型：追求被人信赖的人

- 认真、追求稳定。
- 敏感，容易在相信和怀疑这两种情绪中徘徊。
- 努力想回应周围人对自己的各种期待。

第 7 种类型：热衷于新事物的人

- 开朗、友好，喜欢冒险和娱乐。
- 有了想法会马上行动。
- 乐观，喜欢自由，适应能力强。
- 多才多艺，但很难静下心来集中精力做事。

第 8 种类型：富有挑战精神的人

- 充满力量，沉稳、自信，有存在感。
- 意志坚定，说话直截了当。
- 重感情，愿意照顾亲近的人。
- 有控制他人的倾向，讨厌弱者，过于自负。

第 9 种类型：爱好和平的人

- 安静、稳重、慢性子。
- 认为舒舒服服过日子最重要，能与周围人和睦相处。
- 总把事情看得很美好。
- 坚持熟悉的做法和生活节奏。

九型人格

行为习惯

思维习惯

情绪习惯

环境习惯

SWITCH 56

九型人格是根据大多数人的性格类型来设定的，实用又浅显易懂。如果了解了自己的性格类型，就很容易抓住自己的情绪习惯原理。我在担任顾问时，很重视挖掘客户的本质并加以利用。例如，针对重视成就感的人和重视人情关系的人，微习惯的训练方法就完全不同。

我将根本性欲望划分为以下九种。对你来说，哪一种欲望更强烈呢？

- 追求完美。
- 同他人建立良好关系。
- 达成目标。
- 发挥独创性。
- 深思熟虑，做好充分准备。
- 有安全感。
- 有愉悦感。
- 感觉到自己的强大。
- 按照自己的节奏行动。

这九种类型是我们观察内心的九个视角，是了解自我本质的宝贵线索。

我在这里不进行诊断。你也不要急于找出答案，因为如果一味追求所谓的正确答案，反而会变得混乱。你要做的是努力感知自己心中的情感和欲望的类型。

　　只有去感知，你才能了解它的工作原理。本质不是通过思考才能弄清楚的东西，你要去感知它并确认它的存在。

　　以上九种欲望类型，同时有几种存在于一个人的心中也属正常现象，只是我们需要了解哪种发挥了强烈作用，哪种在左右自己的情绪乃至行动。如果能够把握住撼动自己感情的欲望类型，就会找到让自己产生干劲的方法。

Q:
A:

あなたへの質問

你是哪种类型的人？

人际关系变坏时，我的幸福指数就会一直下降

确定目标后，我就能保持干劲

SWITCH 56

203

重视自己热衷的事情

回忆小时候的经历，找出自我欲望的根源

我小时候特别喜欢踢足球，
能一口气练上好几个小时

我小时候特别喜欢
观察昆虫

　　忘我地沉迷于某件事，热衷于某件事——这些行为归根结底都来自沉睡的自我欲望。

　　你不知道自己喜欢什么，是因为自我欲望还处于沉睡状态，而平日里你常常被迫做一些不得不做的事情。

　　为了寻找自我欲望，我想请大家回忆一下上小学时让你觉得

兴奋的事，因为只有在小时候我们才不会顾及别人的眼光，一心追求自己想做的事情。也就是说，童年时期在着迷的事情中藏有自我欲望的种子。

经营成功数据研究所的高田晋一先生出版了一本专著。在这本专著中，高田先生对自己读过的 1000 本成功励志类图书介绍的成功方法做了统计分析，非常实用。

其实，高田先生当初阅读这 1000 本书，并不是为了赢得谁的夸奖，也并没有出版专著的打算。他之所以这么多年还在继续自己的研究，是因为这件事体现了他的自我欲望。

行为习惯

思维习惯

情绪习惯

环境习惯

SWITCH 57

请从下面的清单中找出你的自我欲望吧

自我欲望清单

☐ 冒险	☐ 整理	☐ 教授
☐ 刺激	☐ 收集	☐ 服务
☑ 创造	☐ 贡献	☐ 揭秘
☑ 想象	☐ 给予	☐ 发现
☐ 指导	☐ 照顾	☐ 与未知世界相遇
☑ 探求	☐ 稳定	☐ 取得平衡
☐ 影响	☐ 观察	☐ 培养
☐ 努力	☐ 说服	☐ 控制
☐ 制止	☐ 鼓起勇气	☐ 制定战略
☐ 设计	☐ 寻找动机	☐ 表达

据说，高田先生小时候热衷于打游戏，特别喜欢"信长的野心"这个历史题材的游戏。虽然游戏说明书中介绍了战国时期各个武将的战斗力等情况，但他还是觉得不过瘾，不厌其烦地进行数据分析，并编成了一本"战斗力指南"。

高田先生现在做的事情和小时候着迷的事情之间是有关联的。高田先生着迷的是"全面收集信息，把它分析到能够完全理解的程度为止"。"收集信息""了解""分析""解释""归纳整理"都是他"自我欲望"的关键词。

高田先生读了大量的书，做了大量的统计分析工作，这些事在普通人看来是无论如何也做不到的。他之所以能够积极地持续努力，是因为这些工作给了他充实感，而不是因为结果。

自我欲望并不是什么特别的东西，每个人身上都有。

上述九型人格与其说是普遍的、可以分类的性格要素，不如说是存在于我们内心深处且与众不同的固有之物。你的内心沉睡着很多欲望，只要点燃它们，就会再次体验忘我和着迷的感受，在行动中充分感受到兴致勃勃的力量。

当你发现自己的天赋或想要做的事情时，一定要快速联想到"自我欲望"这个词。我建议大家回忆小时候曾经着迷的十件事情，确认它们和自我欲望清单中的哪些关键词相吻合，从而联想到可以实现的行为，并把它应用到工作和日常生活中。

Q: 你的"自我欲望"关键词是什么？

A:

"贡献""给予""照顾"

"发现""表达""与未知世界相遇"

别人说什么你才高兴呢？探求他人欲望吧

与自我欲望相对的是他人欲望。他人欲望也叫关系欲望，主要是从对方的语言和反应中得到满足的欲望，如"想被人重视""想得到他人的尊重""想得到表扬""想得到承认""想被他人依赖"等。

我们每个人都隶属于某个特定的家庭、学校、公司、地域、社会等，他人欲望从自己与他人相连接的引力中产生。鉴于人是社会性动物这一特点，我们有他人欲望是很自然的事情。

　　在生活中，哪一种是你最强烈的欲望呢？"想得到承认""想让人说你很棒""想受到别人的重视""想成为有用之人"，这些他人欲望是因人而异的。

　　与食欲和睡眠欲望等生理性欲望相似，如果他人欲望得不到满足，你就会有一种"马上需要"的焦躁感。一旦满足了，你就会安定下来，所以它是一种阶段性出现的欲望。

　　但是，如果以他人欲望为行动基础的话，有时你会感觉不到行动本身的快乐。因为从别人那里得到的好评和反应都是一种结果，而不是行动本身。不过，他人欲望也很重要。例如，我在讲课时，如果听到别人说"我受益匪浅"，就会有一种满足感。

　　然而，我认为要做一件事情，最好还是从自我欲望开始。如果以他人欲望为中心，自己明明做了却不能从他人那里听到"谢谢"，就会身心俱疲，甚至有些失望。所以，只有自我欲望才会产生无限的积极性。

行为习惯

思维习惯

情绪习惯

环境习惯

SWITCH 58

请你从下面的清单中找出他人欲望

他人欲望清单

☐ 被承认　　　☐ 被保护　　☐ 被疼爱
☐ 被表扬　　　☐ 被治愈　　☐ 被感谢
☐ 被需要　　　☐ 被帮助　　☐ 受重视
☐ 被喜欢　　　☐ 被尊重　　☐ 被照顾
☐ 希望得到特殊待遇　☐ 被接受　　☐ 有人倾听

　　我写作的积极性来自"创造""想象""探求"这些自我欲望。在写作过程中，我甚至会因此而亢奋。不过，书一旦出版，如果听到有人说"这本书通俗易懂""这本书改变了我的人生"，我就会感到他人欲望得到了满足。

　　但请注意，我们的行动不是从"谢谢"开始的。如果颠倒了两种欲望的顺序，在得不到结果和反应的那段时期，你是无法忍耐下去的。

　　当然，正如生理欲望一样，他人欲望也需要定期得到满足。

　　你听到别人说什么才会开心呢？"谢谢""好厉害啊""是你的范儿""有你在太好了"……希望你能从与他人交往的过程中获得满足感。

Q: 你听到别人说什么才会高兴呢？

A: "不愧是你啊！"如果被别人这么夸奖，我就会有一种强烈的满足感

我想在职场和家庭中得到一种被别人需要的感觉

行为习惯

思维习惯

情绪习惯

环境习惯

找到自己的使命

使命会产生干劲

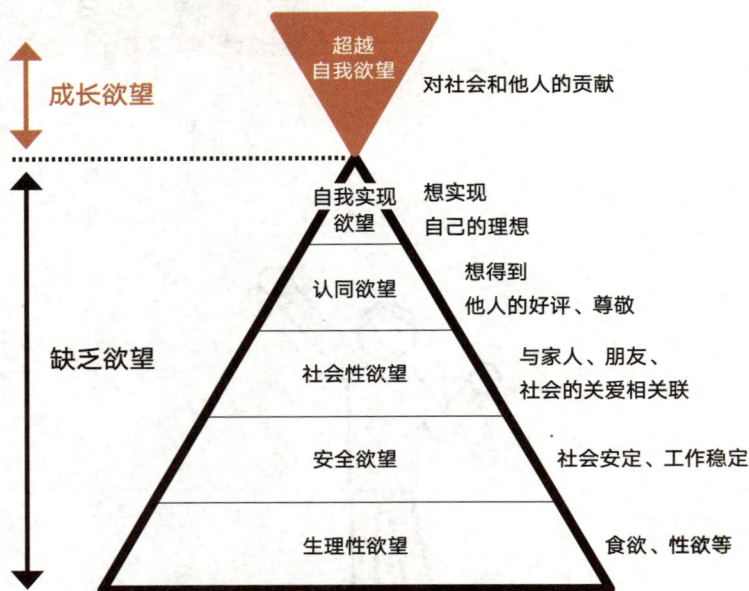

超越
自我欲望　对社会和他人的贡献

成长欲望

自我实现
欲望　想实现
自己的理想

认同欲望　想得到
他人的好评、尊敬

缺乏欲望

社会性欲望　与家人、朋友、
社会的关爱相关联

安全欲望　社会安定、工作稳定

生理性欲望　食欲、性欲等

虽然马斯洛的这一理论很有名，但很少有人知道除此之外还有一个"超越自我欲望"的阶段。所谓超越自我欲望，是指"想为他人和社会做出贡献"，即所谓的使命感。提到使命感，也许有人认为那是伟人才有的，其实并非如此。

13 年前，我开始独立创业时，完全没有使命感，反而一听到"贡献"这个词，就有一种伪善的感觉。现在想起来，当时我有这种感觉也是情有可原的，因为当时的我连安全欲望都没有得到满足，即使认真倾听内心的呼声，也无法接受超越自我欲望的低吟。

我的一位朋友在公司里做培训讲师，他希望能在职场中找到自己的位置和成长的空间。虽然他做的工作也很普通，但他内心深处的使命感却是独一无二的。

研究结果表明，物质只能在一定程度上提高幸福指数，要想得到超越某种程度的幸福感，光靠物质是无法实现的。

在短时间内，你的积极性可能表现在"想挣更多的钱"上，可是当这个欲望得到满足以后，你就想干更有意思的事，如"为了得到好评需要做点什么""为了成长必须实现什么"等。

欲望也有阶段，如果你能够超越自我欲望，就会有无限的积极性迸发出来，追求那些欲望的过程也会成为你人生中收获颇丰的时刻。

Q: 你的使命在哪里？

あなたへの質問

A:

我想改变当地的教育环境

我想创造一个能让女性充分发挥价值的环境

我想帮助那些家庭条件不好的孩子

第4章

掌控环境的6种微习惯

改变一成不变的自己

有意识地选择适合自己成长的环境

俗话说："近朱者赤，近墨者黑。"这句话的大概意思是，因接触的对象和环境的不同，有的人变好，有的人变坏。

因为工作关系，我经常给公司的新入职员工进行培训，也会为他们举办入职一年后的工作能力提升讲座。一年以后，新员工可以完全融入公司的氛围中，说话方式、思维习惯、言谈举止都带有公司的风格，展示出与工作性质相匹配的职业习惯，和他们刚入职时有很大的不同。他们和公司的前辈、上司共事，深入交流，逐渐变得"近朱者赤"了。

每个人在行为、思考、情绪等习惯方面都会受到同伴的影响，环境对你有着强烈的影响，反过来讲，你通过选择环境可以改变整个人生。

为什么我们想改变自己，却无法改变呢？那是因为在我们的深层心理（无意识）中有一种维持平时状态的引力在起作用。这种无意识会优先考虑生存问题，它要维护"安全、安心、安定"，正因如此，它会抵抗新的变化，试图维持现状。

我认为人的心理都有"安全领域"（现状）和"风险领域"（变

化）。所谓"安全领域"，是指人在无意识中所希望的那个安全、安心、安定且没有变化的环境。例如，"在自己能力范围内做自己确实能够做到的工作""重复做平时做的那些事情""与志同道合的朋友一起度过美好的时光"，等等。虽然这样的世界非常舒服，但我们很难成长，有时也会感到无聊。

风险领域指的就是未知世界。例如，"做从来没有做过的任务""挑战一项自己即使发挥最大潜力也无法预知结果的任务"。在这个领域中前行，失败的风险、恐惧、不安都是必然存在的。虽然你感到不舒适，但是你会有变化和成长。

为了继续成长，你要克服维持现状的引力，靠着意志和勇气踏入"风险领域"。为了从"停滞不前"转换到"成长"，你要思考如何才能进入"风险领域"，这是关键所在。

我认为最重要的是要主动寻找来自环境的刺激。如果你遇到有着强烈自我意识且拥有生活目标的人，或是从事自己喜欢的事情的人，就会从他们那里得到"我不能这样下去""我想更加惬意地生活"这样的刺激。

"要想改变自己，就请改变你交往的人和生活的环境吧。"从事多年咨询工作的我，非常赞同这种说法。

我们每个人之所以成为现在的自己，是因为受到了来自周围的人和环境的强烈影响。在成长过程中，如果我们能够和志同道合的人一起前行，自身能力将会不断提升，对我们的成长大有裨益。

行为习惯

思维习惯

微强习惯

环境习惯

你习惯于生活在什么样的环境中呢？在这一部分，我将围绕环境习惯这一主题，论述优化环境的方法。

变化和现状

变化
（风险领域）

失败

指责

成长

恐惧

刺激

不安

不舒服

现状
（安全领域）

安全　　安心

放松

无聊

不稳定

欲望得不到满足

安定

停滞不前

充实

遇到正在实现理想的人是你的运气

　　舒服的人际关系会给我们一种安心和安全的感觉，拥有能推心置腹的朋友可以丰富我们的人生。

　　如果你有新的梦想和目标，又恰好遇见已经实现了这个梦想或以同样的热情关注这个目标的人，你们同呼吸共命运，你就会被他激励。

我们仅凭写在纸上的梦想还不能实现目标，我们要学会观察别人、倾听别人、感知别人，从而获得一种实战的感觉。

在我辞去上一家公司的工作、打算独立创业的时候，我向上司、前辈和同事表明了我要独立创业的想法。"你既没有技术也没有关系，甚至连计划都没有，这个想法太欠考虑了""喜欢什么就可以靠什么活下去吗？这个想法也太天真了吧""28 岁才开始做梦，为时已晚"——他们对我的想法都不看好。的确，我当时 28 岁，只学习了 9 个月相关课程，客户只有 1 名，以一次 2 万日元的收费标准开始我的梦想，这些看来都缺乏考虑。

那时，我还定期去参加创业者聚集在一起的读书会。当我在读书会上说出自己的想法后，他们纷纷对我说："如果你以'置之死地而后生'的想法来开创你的事业，也许就会成功。加油！"

"28 岁才开始做梦，为时已晚。"有个人听到我重复别人的这句话后说道："我 52 岁才开始独立创业……"

团体不同，聚集的人群也就不同。那些人的思考方式与我日常所接触的人的完全不同。同一件事情，看法竟然相差如此之大，令我惊叹不已。

我倒不是说他们孰是孰非，每个团体都有各自的"常识"。价值观不同，一切都不同。如果经常沉浸在那个团体中，你就会"近朱者赤"。

我们的行为、思维、情绪、观念都是在同他人交往中发生相互作用而形成的。无论是个人还是团体，都会对习惯的行为、思考方式感到安心。同时，我们会激烈地否定摧毁这些行为和思考方式的想法。

如果想让自己成长，期望人生有大的改变，就要找到能给自己带来变化的环境，与志同道合的人交流，从他们那里获得相应的刺激，从而让自己有所改变。

Q: 你要怎样选择适合自己的环境？

あなたへの質問

A:

我会尝试和志同道合的人聚集在一起

我会去培训班，和自我意识较强的人一起学习

行为习惯

思维习惯

情绪习惯

环境习惯

方法
61 　和自己的榜样成为朋友

为了赶上他，你会一直努力下去

> 我要努力成为他那样的人

在你人生的转折点，你一定曾遇到过什么人。那个让你羡慕的人会给你带来很大影响。

19 岁的时候，我在电视上看到大前研一先生的一期节目。他非凡的谈吐立即吸引了我，我被他缜密的思维、超强的语言表达能力、充满活力的演讲所倾倒，觉得他太优秀了。

23 岁的时候，我去了大前研一先生创办的职业培训学校。27 岁的时候，我参加了他开设的解决问题能力培训班。我读了他写的 50 多本书，也听了他的很多场演讲。

现在，我每年坚持深入研究一个主题，继而成书出版，这是在模仿大前研一先生的做法。如今 70 多岁的他依然不失获取新知识的好奇心，经常挑战新形势下的各种经济难题，而且还在持续写书。我虽然与他的研究领域完全不同，但是深受他的影响。

另外，咨询师谷口贵彦先生、神经语言编程专家山崎启支先生对我的影响都很大。当我走投无路时，只要想起他们说过的话，就会找到方向。

"想继续成长""想击破束缚自己的外壳"，当你有这些想法出现、同时有一个榜样在你面前时，你就会更加努力。

能否找到能够吸引你的榜样，有时要看运气，一旦找到就请尽量追赶，这样你就有了努力的方向。顺便说一句，没有全能的榜样，你可能会在不同方面发现不同的榜样，如技术、能力、脑力等方面都有各自的标杆人物，你要试着去寻找。

与榜样相遇会成为改变你人生的契机。

行为习惯

思维习惯

情绪习惯

环境习惯

SWITCH 61

Q: **你身边有没有让你崇拜的人？**

A:

あなたへの質問

我想像我的部门领导那样有能力、有眼界

我想像铃木一郎那样不慌不乱、脚踏实地

结交志同道合的伙伴

尝试加入不同的团体，找到你的位置

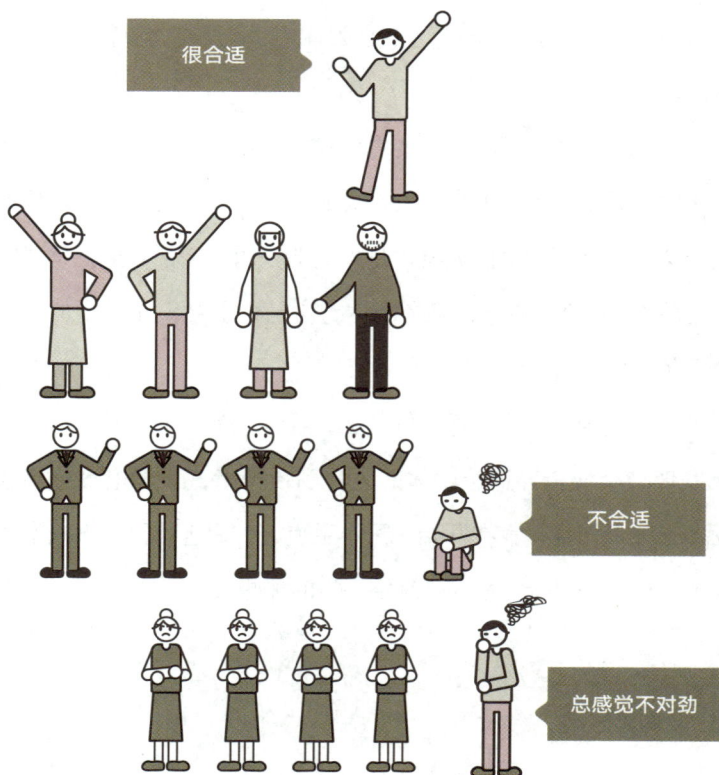

很合适

不合适

总感觉不对劲

是否志同道合是选择人际关系的过程中非常重要的一点。

请回想小学、初中、高中时你所在的班级，假设班级里有 30 名学生，那么淘气的孩子、爱运动的孩子、擅长文艺的孩子，自然而然地就会形成几个小团体。

我看不惯那些爱出风头的小团体，运动型的小团体和我也不搭。性格内向的我和另外两个志同道合的同学组成了一个小团体，我们经常一起行动。

我虽然不属于左右逢源的类型，但也不会总发出不和谐的声音。总之，我还是能在这个小团体中找到自己觉得舒服的位置的。

我们在选择人际关系时要看和对方是否合得来，这是很自然的事情。如果是因为考虑个人得失而选择的人际关系，结果都不会长久。男女朋友之间大概也是如此吧，用一句话概括就是"要看性格合不合"。反之，某个团体与自己合不合，你只要加入那个团体就会知道。

为了发现自己到底适合做什么，我尝试参加过各种团体，结果发现与企业指导这个团体的人特别合得来，在那里我感到放松、自如。同样，我在开始学习空手道之前，也体验了太极拳和柔道，而与我最合得来的是练空手道的那些人。

Q: 与你志同道合的人是哪类人？与你合不来的人又是哪类人？

A:

あなたへの質問

不知道为什么，我与这个读书会里面的人有很多共同语言

我去参加创业培训班，那里都是一些很矫情的人，跟我质朴的气质不搭

行为习惯

思维习惯

情绪习惯

环境习惯

SWITCH 62

提高发现机会的敏感度

机会就像天上的流星一样，会突然造访

　　所谓"吸引法则"，是指我们强烈盼望的事情会成为现实。与此类似的概念还有"共时性"，这是一位著名的心理学家提出的。所谓"共时性"是指心里盼望的事情本来就有意义，这些事情同那些偶然发生的事情相关联，给人带来发现和启示。

　　他认为，那些看起来好像毫无关联的事物其实全都处在深层次联动和互动的关系中，"共时性"绝不是偶然现象，而是规则、

法则的产物。

　　在我的人生中，曾发生过"共时性"事件。

　　早在 2006 年，我就犹豫要不要辞掉当时的工作。有一天早晨，我翻看《日本经济新闻》，一则培训活动广告里的一个词"不被雇用的生活方式"映入我的眼帘，我当时就对此产生了共鸣："是啊，我想过不被雇用的生活。"内心亢奋的我赶紧去参加在水道桥举行的培训活动，了解了许多"不被雇用的生活方式"，于是下决心独立创业。其实，我当时根本不知道自己具体要做什么。

　　决定独立创业的那一天，我向我学生时代的好友发出邀请，问他是否愿意和我一起创业。我本来以为这是一个要经过深思熟虑的决定，可他却轻描淡写地说了一句："好啊，干吧！"

　　我们也真算一个不可思议的组合。当时，他的公司状况不好，据说在他头脑中也不止一次地掠过独立创业的念头。于是，我们俩每晚都会跑到咖啡厅里研究我们的创业构想，后来在好友的建议下，我们打算做企业咨询指导。我赶紧开始阅读相关的书，发现"这正是我想要的啊"，于是我又进入企业指导培训班学习，就这样开启了创业之路。

　　人生是从不可思议的偶然开始的。改变人生的机遇其实有很多，但只有那些有着强烈愿望的人才会看到，就像流星划破天空时，只有仰望天空的人才会注意到。

　　当我们与那些小插曲相遇时，内心会接收一个强烈的信号：

行为习惯

思维习惯

情绪习惯

环境习惯

请不要犹豫，马上付诸行动。先做起来，先去见见世面，从这些小小的行动开始，你的生活可能就开始变了。

あなたへの質問

Q: 你以前有过什么偶遇？接收过什么信号？采取了什么行动？

A:

我和妻子是在一次志愿者活动上认识的

我偶然读到的一本书，深受启发，决定努力成为一名工程师

等待好机会的到来

做好准备，等最佳时机到来时立即出手

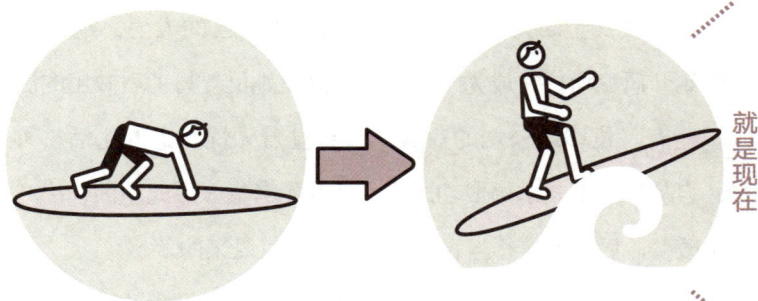

就是现在

在冲浪运动中，我们要让身体趴在滑板上，用两只手划水前进。在海浪还没到来前，硬要前进也没什么意义。这时，我们要像海龟一样趴在滑板上，让滑板往有海浪的地方漂，等待海浪到来再前进。

"时机成熟""运气来了"，每件事情都有它成功的时机。改变人生需要等待时机，这样一想，你的视野就会被打开。

在我的微习惯培训班里，有很多前来报名学习的人，因为他们想改变自己的人生。我通过六年的实践明白了一个道理：人生大方向的改变往往是以一种突变为契机的，如突然被降职、与恋人分手、公司改变经营方针等。为了重建被这些突变打乱的平衡，我们就会下决心改变人生方向。

我们在内心深处都喜欢"安全、安心、安定"，如果对生活的不满还处于可以忍耐的程度，就不会鼓起勇气去改变人生方向。然而，如果运气不佳或有不幸的事情发生，就另当别论了。换句话说，改变的机会到来了。

有一位女士因为被降职开始重新考虑自己的人生，她在 45 岁时离开研究岗位并成为一位兽医，这是她反复思考后做出的决定。还有一位印刷公司的业务员一直过着无忧无虑的生活。可是，自从向女朋友求婚成功之后，他开始考虑今后的生活，决心做出改变。后来他转行当农民，那是他一直以来的梦想。

自从我的顶头上司换了工作岗位，我也趁机开始认真考虑自己的职业生涯。当你无论如何都下不了决心时，或许是因为还没有出现值得改变的时机。但是你要注意，如果此时放弃，就没有改变的机会了。你要像冲浪者一样，继续浮在水面上，耐心地等待海浪的到来。

因此，你要以开放的心态去看待变化，并积极地接受它。

あなたへの質問

Q: 促使你做出改变的事件是什么？

A:

有一段时间，我的销售工作陷入了瓶颈，我就申请去了别的部门工作

由于公司业务合并，我必须调整工作方式，报了培训班给自己"充电"

行为习惯

思维习惯

情绪习惯

环境习惯

SWITCH 64

233

方法
65　获得最好的反馈

"差评" 是你成长的营养品

这个方案完全行不通

你这样可不行

我要做出更好的产品来

　　没有反馈就没有成长。没有反馈的状态就像在黑暗中练习打高尔夫球一样，你都不知道把球打到哪里去了。

　　说到打高尔夫球，你必须接受的反馈是打球姿势的正确与否，因为你是看不见自己打球时的姿势的。

　　从别人那里得到指导和反馈，不断修正自己，是人在变化和成长中所不可缺少的。

234

很多反馈都是刺耳的话，也许还是长辈们的斥责，或许你不想听，可是当你拥有了梦想和目标，也需要听听别人的反馈。

下面，我想讲两件关于我自己的事情。有一次，有人对我说："您所做的咨询工作只是重复地教人家相同的内容，所以你在知识上没有长进。"对当时的我来说，这是一种强烈的侮辱，我对此感到非常愤怒。

然而，当我冷静下来反思自己一直以来所做的事情时，我才发现，自己应该花更多的时间在知识创新上，于是决定做出改变。如果没有听到别人的反馈，我也许就会在一种安稳的状态下一直做咨询工作，不会感到有任何问题。我虽然生气，但也会不由得去想出路，这就是促使我改变的一个转机。

积极地接受反馈，让它成为改变自己行动方向的能量，这是我们需要做到的。人越是往上走，能够指出我们错误的人就会越少。所以，请珍惜你收到的所有反馈。

行为习惯

思维习惯

情绪习惯

环境习惯

あなたへの質問

Q: 你经常从谁那里接受反馈呢？

A:

我向自己的朋友请教，
询问自己的优点和缺点

我想为家庭做出改变，
想听一听妻子的意见

后记

承蒙各位读到最后，非常感谢！

本书的核心思想是"我们要驾驭自己的习惯"。

- 怎样做才能掌控自己的行动？（行为习惯）

- 怎样做才能掌控自己的思维方式？（思维习惯）

- 如何保持好的情绪，让自己积极起来？（情绪习惯）

- 如何创造好的环境，让自己更舒服？（环境习惯）

正如我在本书中所说的那样，微习惯具有极其重要的意义，古今中外的很多成功的例子都阐明了这一点。下面，我想通过五句话分析微习惯的本质。

人就是习惯的产物。

这是瑞士哲学家安里·阿米埃尔的名言。习惯和"无意识地重复"相关联，而人生正是"行为习惯""思维习惯""情绪习惯""环境习惯"这些各个层级的习惯相互作用下的产物。关于这些习惯的深层构造，我在序章中已经介绍过了。

人是由习惯塑造出来的，伟大的成果不是靠暂时的行动得来的，而是从习惯中产生的。

这是古希腊哲学家亚里士多德的名言。我认为这句话表达了行为习惯的本质。我们每个人在商业、体育、科技等领域所取得的成就都是习惯的产物，伟大的成果从坚持不懈的行动中诞生。这是本书第 1 章"行为习惯"的中心议题。

坚持就是力量。

这是我们平时常说的话，这里的"坚持"主要有两个意思。第一，对特定行动的坚持。比如你可以养成每天读书 1 小时的习惯，如果你读完一本书大约需要 5 天时间，那么在 1 年中你就能读 70 多本书，在 3 年中你就能读 200 多本书。随着阅读习惯的养成，你的知识增加了，视野开阔了，思考能力也得到了锻炼。第二，坚持挑战。新的挑战常常伴随着失败，失败了会被批评，出丑了会让人觉得沮丧，我想谁都有过这样的经历。在你挑战一件事时，面对一系列状况，你能否积极地看待和应对非常重要。我在第 2 章中聚焦于思维习惯，就是因为我认为坚持不仅是"行动的技术"，而且涉及思维方式。

喜欢才能做得更好。

2019 年 3 月，日本棒球巨星铃木一郎宣布退役，当记者问"你想对小朋友们说些什么"时，他回答："如果发现有让自己着迷和热衷的事情，就要对其倾注全部的力量，我希望你赶紧去寻找。如果你找到了，你就会想办法推倒横在面前的那堵墙；如果你没有找到，当一堵墙横在你的面前时，你就会气馁。所以我希望你不要考虑利弊，而是要去寻找自己真正喜欢的东西。"这里所说的"喜欢"不仅仅是"快乐"，而是指狂热、着迷、热衷。对于让你产生使命感和热情的事情，即使有些困难你也可以坚持下去。"想坚持下去""想挑战"这种心情由人的情绪而来，所以我在第 3 章中重点讲述了情绪习惯。

近朱者赤，近墨者黑。

我们的行为、思维和情绪都会受到同伴的影响。人们在同样的环境中，日复一日，因此我们所处的环境也可以说是一种习惯。环境会对你的行为、思维和情绪产生强烈的影响。反过来讲，你对环境的选择以及你与环境的相处方式也会对你的人生产生一定的影响。我在第 4 章中讲述了调节自己所处环境的方法。

当你真正理解了上述五句话时，你就可以理解习惯的本质了。

我写本书的目的不是为了让你学习理论知识，而是要你亲自实践。"坚持不下去""拖延症""无法从负能量中解脱出来""找不到自己想要做的事情""想脱胎换骨"等，请你从中选择一个主题，努力实践吧。

我相信微习惯能够给你带来改变，希望你在微习惯的指引下，成为更好的自己。感谢你的阅读。